不知火の海にいのちを紡いで

すべての水俣病被害者救済と未来への責任

水俣病不知火患者会 編
矢吹紀人 著

大月書店

はじめに

水俣病被害者救済問題は、1956（昭和31）年5月1日の公式確認後、複雑な経過を経て、1995（平成7）年の政府解決策により約1万人が補償を受けた。しかし、それでもまだ多くの未救済被害者が存在していると考えられていた。

2004（平成16）年10月15日、国、熊本県の賠償責任を肯定する水俣病関西訴訟最高裁判決が言い渡され、期待が広がり、多くの者が認定申請を行った。しかし、国は、行政認定基準を改めず、十分な救済策も取らなかった。2005（平成17）年10月3日、水俣病不知火《しらぬい》患者会（大石利生《おおいしとしお》会長）が母体となり、50名がチッソ、国、熊本県に対し、損害賠償を求める訴訟を熊本地方裁判所に起こした（ノーモア・ミナマタ国家賠償等請求訴訟）。

提訴時は、「解決済み」という世論だったことから、水俣市から北海道まで全国縦断キャラバンを約2か月にわたって行った。また、何度も議員会館を訪問し、国会議員に要請を行い、各地で多くの街宣活動を展開した。医師団の協力のもと、約1000人が受診した不知火海大検診も実現した。熊本地裁、大阪地裁、東京地裁への追加提訴を行い、最終的には約3000名という大原告団となった。

水俣病被害者救済特別措置法が成立した後、ノーモア・ミナマタ国賠等訴訟原告団及び弁護団は、被告国らは速やかに裁判所での解決のテーブルに着くべきことを訴訟の内外で強く訴えた。その結果、環境省との間で和解協議に向けた事前協議が開始され、論点の整理を行った。2010(平成22)年1月22日、熊本地裁は、すべての当事者に対し和解勧告を行い、4回の和解協議を経て、和解所見を示した。鳩山由紀夫首相は、3月19日、和解所見受け入れを表明した。こうして、同月29日、熊本地裁において基本合意が成立し、熊本地裁、東京地裁、大阪地裁で3月28日までに水俣病裁判史上はじめて国も加わった和解が成立、5年半にわたる裁判はすべて終了した。

この和解の成果としては、四肢末梢性のみならず全身性の感覚障害などを救済対象とさせたこと、被害者側の医師を同数含む「第三者委員会」方式を実現したこと、共通診断書を公的診断と対等の判断資料とさせたこと、その結果として原告団の9割を超える救済率での大量救済が実現したこと、などが挙げられる。

その後、水俣病不知火患者会は、特措法申請者の支援を行ってきたが、環境省は、被害者団体の強い反対を押し切って、2012(平成24)年7月末で受付を締め切った。また、いわゆる「対象地域外」の申請者に対し入手困難な資料を求め、これができないと検診すら受けさせないという問題などが発生していた。

これを是正するには、もはや裁判しかないとして、水俣病不知火患者会が母体となり、2013（平成25）年6月20日、48名が新たに訴訟（ノーモア・ミナマタ第2次国賠等訴訟）を熊本地裁に提起した。この訴訟は、現在原告数が1311名となり、重要な局面を迎えている。

このように、ノーモア・ミナマタ国賠等訴訟は、多数の原告と弁護団の結集、医師団の献身的な活動、支援団体のみなさまの力強い援助、世論の支持により、救済制度を新設させ、5万人を超える者が新たに補償を受けるにいたった。

このたたかいの先頭に常に立ってきたのが大石利生さんだった。多くの被害者が大石利生さんの「すべての水俣病被害者の救済」「一枚岩の団結」という言葉に励まされ、たたかいを続けてきたのである。

園田昭人（ノーモア・ミナマタ第2次国家賠償等請求熊本訴訟弁護団長）

不知火の海にいのちを紡いで　目次

第2部　水俣病被害者のたたかいと未来への責任

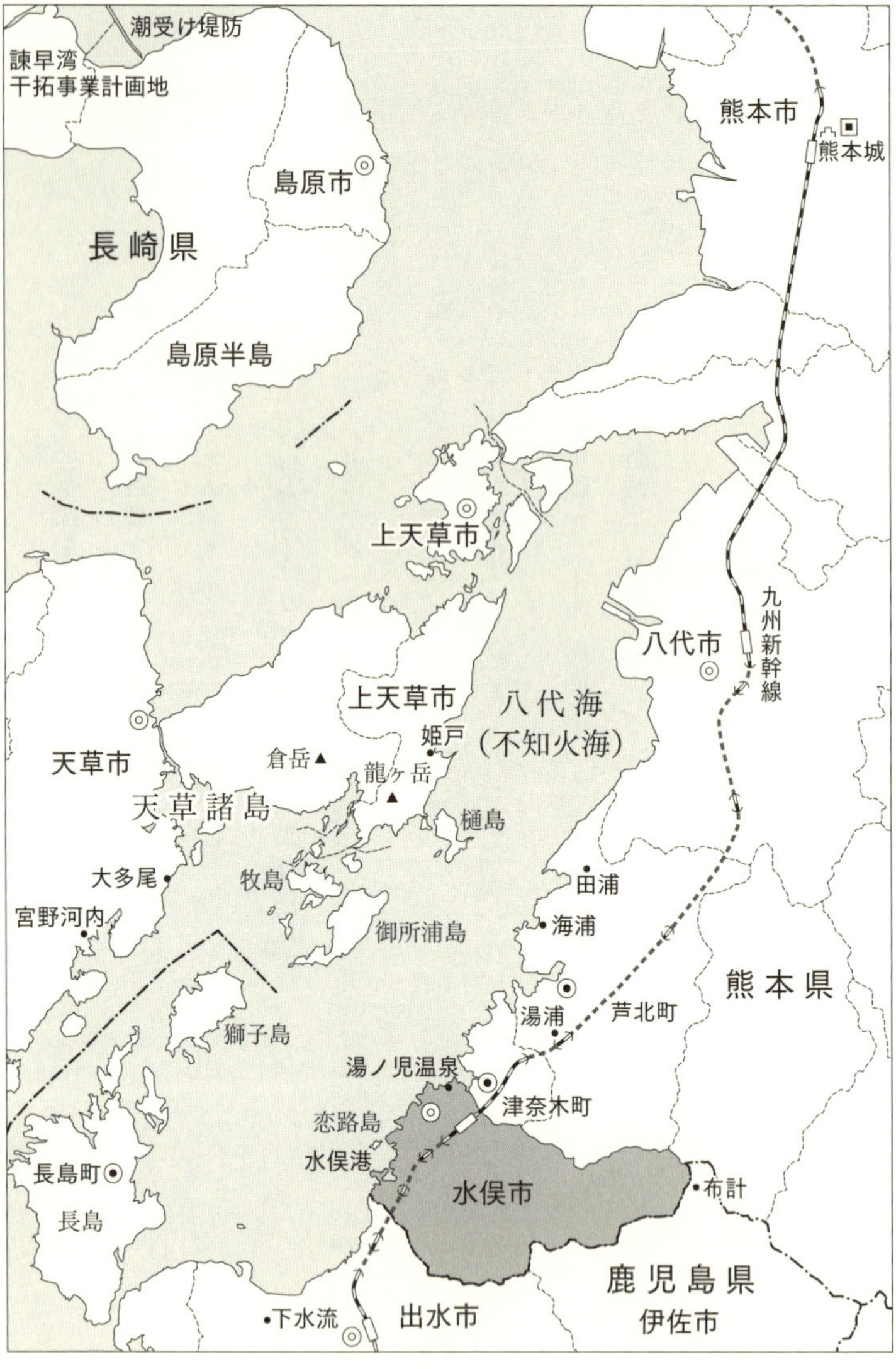

潮受け堤防
諫早湾
干拓事業計画地
熊本市
熊本城
島原市
長崎県
島原半島
上天草市
九州新幹線
八代市
上天草市
八代海
（不知火海）
天草市
姫戸
倉岳
龍ヶ岳
天草諸島
樋島
田浦
大多尾
牧島
宮野河内
海浦
御所浦島
熊本県
湯浦
芦北町
獅子島
湯ノ児温泉
津奈木町
恋路島
水俣港
布計
長島町
水俣市
長島
鹿児島県
下水流
出水市
伊佐市

環境省交渉に臨む大石利生（環境省第一会議室）

第1部
大石利生のたたかい
――すべての被害者の救済を求めて

矢吹紀人

プロローグ　雨のなかの座り込み

前日まで晴天が続いていた東京に、朝から強い雨が降りしきっていた。大雨のなか、大石利生《おおいしとしお》は水俣病不知火《しらぬい》患者会（不知火患者会）の仲間たちとともに、衆議院議員会館前の歩道にいた。政府と国会に対する3波にわたる座り込み抗議行動が、佳境を迎えているときだった。

太平洋高気圧の勢力が強まらず、梅雨前線が南海上に長く停滞していた2009（平成21）年の初夏。日本列島は、梅雨の季節に入っても好天に広く覆われた。東京でも6月下旬から、30度を超える日が何度も訪れていた。

照りつける太陽の下で抗議行動をしてきた患者たちはこの日、打って変わって突然の雨に見舞われたのだった。

目の前には、患者たちに背を向ける形で、国会議事堂が屹立《きつりつ》している。雨に煙った議事堂の楼閣は、いつも以上に冷たく感じられた。まるで、自分たちを無表情に拒絶しているかのようだと大石は感じた。

この年、自民党を中心とする政権与党は、増え続ける水俣病認定申請者への窮余の対策として、「水俣病特別措置法（特措法）案」の策定を推進。6月末からの国会で、可決、成立させる構えを見せていた。

不知火患者会とノーモア・ミナマタ訴訟原告団は一貫して、この特措法案に反対してきた。特措法案では救済の金額などが、自分たち患者側が要求してきたレベルに届いていなかった。救済対象となる被害者の居住地を限定し、被害者を排除する「地域指定」も盛り込まれていた。そして何より、「チッソ分社化」がうたわれ、加害企業であるチッソの責任がうやむやにされてしまう懸念があった。

「この法律は、患者を救済するためのものではなく、チッソを救済する法律だ。私たちが望んできたのは、すべての患者が納得できる救済だ。被害者の要求を切り捨てる特措法案は、絶対に成立させてはいけない」

それが、被害者、患者たちの総意だった。

数日前の6月24日、ノーモア・ミナマタ訴訟原告団と弁護団は、与党と、野党の民主党に対してそうした意見を申し入れていた。不知火患者会は、与野党に対して特措法案拒否を正式に伝えていた。

しかし、患者側の意向を無視するかのように、与野党協議の流れは特措法案の成立の方向へと傾いていた。自民党の正副国会対策委員長会議は、7月2日の衆議院本会議での特措法成立を図る方針を打ち出していた。

緊迫する情勢を受けて、不知火患者会とノーモア・ミナマタ訴訟弁護団は6月25日、衆議院議員会館前での抗議の座り込みに入った。国会での特措法案の成立阻止を目指して、座り込みはこの日から3週間にわたって、断続的に取り組まれていった。

被害者たちは手分けして熊本から上京し、入れ替わりで座り込みに参加していた。そのなかで、不知火患者会会長であり、ノーモア・ミナマタ訴訟原告団長である大石だけはただ一人、3週間を通して、衆議院議員会館前での座り込みを続けた。

梅雨の時期に入っていたとはいえ、あまりにも突然の大雨だった。こうした行動に慣れていない不知火患者会のメンバーは、雨具などの準備は何もしてこなかった。患者たちはなすすべもなく、降りしきる雨に打たれて歩道にたたずんだ。

その姿を見かねて、全員分の雨合羽を手配して差し入れてくれたのは、水俣病東京訴訟支援連絡会（東京支援連）の人びとだった。1984（昭和59）年からたたかわれてきた水俣病東京訴訟を支援してきた東京支援連のメンバーには労働組合活動家などが多く、座り込みのような行動には慣れていたのだ。

「ありがたい。助かります」

いま何が必要かを敏感に感じとり、無償の支援をしてくれる人びとの心の温かさに、大石は言葉では言い表せない感謝の気持ちに満たされていた。

午前中から始まったこの日の座り込みは、午後になっても続けられる予定だった。昼時になると、支援連から弁当が差し入れられた。これもまた、不知火患者会では準備していなかったものだった。

大石たちは、雨に打たれながら弁当を食べた。雨合羽を着ていても、雨粒は容赦なく弁当箱の上にしたたり落ちた。弁当の飯は雨に濡れて、しだいに冷たくなっていった。

ふと周囲を見回すと、患者会のメンバーの誰もが、雨に濡れた弁当を黙々と口に運んでいた。顔も腕も、雨に打たれている。それでも、濡れていることを気にする会員はいなかった。その姿に大石は、メンバーたちの必死の思いを感じた。

「特措法案がどのような形になるとしても、取り残される被害者が必ず出る。いままで国が講じてきた救済策は、いつも誰かを切り捨て、置き去りにしてしまう救済策だった。それではだめなのだ。たとえ何万人、何十万人にのぼろうとも、被害を受けた人はすべて救済されなければならないのだ」

水俣病被害者の真の救済を求める。その思いだけが、大石たち不知火患者会の行動の原動力になっていた。

たとえ雨に打たれようとも、照りつける日差しに焼かれようとも、すべての被害者が救済されなければならない。大石はその思いをさらに強くして、国会議事堂を見上げていた。

1　患者自身の言葉で語れ

あなたは水俣病です

大石利生が自身の水俣病と向き合わされたのは、いまから20年ほど前のことだった。心臓の具合が悪くなり、水俣協立病院で診察を受けたことがあった。

診察室のベッドに横になっていると、高岡滋《たかおかしげる》医師が大石の体全体を触って調べていった。終わったあと、大石は尋ねた。

「先生、いまのは何だったんですか」

痛覚の検査だと、高岡医師は答えた。医師は先のとがった針状の器具で、大石の体を突いていたのだ。

「痛みは感じましたか」

高岡の質問に、大石は不思議な思いで答えた。

「いや、痛みは感じなかったですねえ」

診察結果を見ながらしばらく考えるようにしていた高岡医師は、やがてこう口にした。

「大石さん。あなた、水俣病です」

その言葉に、大石は頭をなぐられたような衝撃を受けた。同時にまた、「理不尽な話だ」という強い思いが、心のなかにわき上がってきた。

「なんでや。私はこんなに元気じゃないか。水俣病なんかじゃなかとよ」

大石の心のなかにある「水俣病」は、若いころ目にした劇症患者の姿でしかなかった。

チッソに勤めていた20歳のころ、病気で水俣市立病院に短期間、入院したことがあった。その病院2階の伝染病隔離病棟に、水俣病の劇症患者や、胎児性の患者たちが入院していた。病室の前を通るたびに、大石は「あれが水俣病の患者か」と心に刻み込んだ。

若いころの記憶から考えれば、自分はいたって健康な体だ。到底、水俣病だなどとは思えなかったのだ。

「先生、馬鹿なことは言わんといてくれ」

憤然とした気持ちを高岡医師にぶつけ、大石は水俣協立病院をあとにした。

このときを少しさかのぼる1995（平成7）年には、「政治解決」で救済策が出されていた。大石が高岡から水俣病罹患を知らされたこの時期は、その救済措置もすでに時間切れとなり窓口が閉じられていた。仮に大石が水俣病と正面から向き合ったとしても、できることは何もなかったのかもしれない。

その日から数年が過ぎた、2004（平成16）年10月15日。上告されていた水俣病関西訴訟に関して最高裁判所は、国と熊本県の損害賠償責任を認め、原告患者37人に対して賠償を命じる判決を下した。

水俣病の第三次国家賠償請求訴訟がたたかわれた後の1995（平成7）年、国は被害者を水俣病と認めないまま、260万円の一時金支給などを含む「政治解決」の救済策を打ち出した。これによって1万人を超える被害者が救済されたが、あくまでも行政の責任を追及する関西在住の原告が裁判を継続。最高裁まで争いが持ち込まれた結果、患者側勝訴の判決が確定したのだった。

この判決が出されたことによって、「いまなら自分たちも救済されるのではないか」と希望を持った被害者たちが、続々と名乗りを上げて水俣協立病院の窓口に押し寄せていた。

その事態は、長年にわたって水俣病患者を診察し、救済の道を探ってきた水俣協立病院やその関係者たちにとっても、想像を超えるものだった。1995（平成7）年に救済策が出されてから、約10年がたっていた。それでも、さらにこれほど多くの被害者が取り残されていたとは、考えられなかったのだ。

だが、それが水俣病の現実だった。「これほどの患者がまだいるのであれば、自分たちとしても何か行動をしなければならないのではないか」。水俣協立病院の関係者は話し合い、新たに水俣病の診察を呼びかけるチラシを配布したり、病院に貼り出すなどをし始めた。

判決が出されてから2か月後、持病の診察を受けに協立病院にきていた大石の目に、壁に貼られたチラシが飛び込んできた。

「あなたも水俣病の検診を受けませんか」

水俣病という言葉に、大石は高岡医師から宣告されたときのことを思い出した。

「そう言えば、俺も水俣病だと言われたなあ。一度、診察を受けてみるか……」

「理不尽」と思える宣告だったが、黒白をはっきりとつけたいという気持ちもあった。

年が明けた2005（平成17）年1月6日、大石は生まれて初めて、正式な水俣病の診察を水俣協立病院で受けた。この日から、合計3日にわたって診察は続いた。その結果はやはり、間違いなく「水俣病」という診断だった。

診断結果を受けて、大石は1月31日に水俣市役所に出向き、申請書と診断書、住民票を提出。認定申請の手続きをとった。水俣病関西訴訟最高裁判決を知って手を挙げた人びとと、同じように行動したのだった。

この当時、大石は廃品回収の仕事をしていた。市内各所をまわって、家庭や工場などから不用になった廃品を受けとってくる。重いものを持って歩き回り、ときには、2、3トンもあるような工業廃品でも、チェーンを使ってトラックに運び込んで回収していた。

そこまでの力仕事ができる体なのに、なぜ水俣病と診断されるのか。大石は認定申請を提出してもなお、心の底には信じられないという気持ちをいだいていた。

しかし、すでにこのとき、大石の後半生の生き方を大きく変える道が、知らないところで開かれようとしていたのだった。

市役所に認定申請の書類を出してから数日が過ぎたある日、大石は水俣市議会議員の野中重男《のなかしげお》と、水俣協立病院で事務職をしていた瀧本忠《たきもとただし》の訪問を受けた。大石を前にして2人が口にしたのは、信じられないような言葉だった。

「大石さん。いま続々と、水俣病の患者さんたちが診断を受け、認定申請をしています。大石さんもその一人です。しかし、国はかたくなに、患者の認定を拒んでいます。どれだけ患者が声を上げても、バラバラにやっていては国の姿勢を変えることはできないんです。患者を集めて、集団で訴えていかないとだめなんです。私たちはそのために、患者会の結成を準備している。大石さんも、その準備会に加わってくれませんか。そして、患者会の会長を引き受けてくれませんか」

これまでの水俣病のたたかいでは、必ず被害者、患者が組織をつくり、集団でチッソや行政に対峙してきた。その経験に立てば、いままたうねりのように認定申請に向かって盛り上がっている患者たちの動きを、一つにまとめる組織を早急につくらなければならない。

最初にその声を上げたのは、長年にわたって水俣病患者の診察、救済に奔走してきた水俣協立病院元院長の藤野《ふじの》糺《ただし》医師だった。病院関係者が中心になって、患者会設立のための準備が進められていった。

新しくつくる患者会の会長に、誰についてもらうか。議論のなかで焦点になったのは、「水俣市の中心で暮らしてきた人になってもらいたい」という声だった。

これまでつくられてきた患者会、被害者の会のほとんどは、水俣周辺の在住者が会長や代表を務めてきた。チッソの城下町とも言われる水俣市に住む人にとって、水俣病のたたかいの先頭に立つのは、容易なことではなかったのだ。

大石は水俣市に生まれ育ち、チッソに勤めた経験もある。会長を任せるには、うってつけの人物だった。

廃品回収の仕事をしていたころ、大石は水俣協立病院の前身である水俣診療所からもよく廃品を集めていた。診療所関係者とは顔見知りになり、所長の藤野医師が水俣の自宅を留守にするときには、飼っていた鶏の世話を大石に頼むこともあった。大石の人柄は、病院関係者にもよくわかっていた。

ただ、大石はほんの数か月前まで、自分自身が水俣病だなどとは思っていなかった患者だ。水俣病への知識も、患者のたたかいの経過なども、まったく知識を持ち合わせていなかった。けれども、これまでの患者会の代表を務めた人びとも、同じように初めはまったく知識のないところから運動に加わった人たちばかりだった。

2人の要請を聞いた大石は、声を出すこともできなかった。関西訴訟最高裁判決後のうねりのなかで、初めて診察を受けて認定申請をしたばかりの自分が、患者会の会長につくなど考えてもいないことだった。

だが一方で、集団でたたかわなければ行政を動かすことはできないという話は、よく理解できた。いまだに水俣病と認定されず、行政から取り残された患者がこれだけいるのだ。ただ申請を繰り返すだけでは、被害者の救済に結びつく動きは出てこないだろう。

患者の会を、つくらなければならない。そして、誰かが、先頭に立たなければならない。それならば、自分がその役目を負ってもいいのかもしれない。

大石は、2人を見てこう答えた。

「わかりました。ですが、少し時間をもらえませんか。こんな責任のある重大なこと、自分一人では決められない。家族にも、相談してみますけん」

その日、大石は妻の澄子《すみこ》に、患者会会長就任の要請を受けたと話した。澄子は、意外なほど簡単に、「みなさんのためになるなら、引き受けてもいいのではないの」と返事をしてくれた。

大石はさらに、結婚して家を離れている3人の子どもたちにも、電話で確認をすることにした。父親が水俣病患者となって、さらにその運動などをすれば、世間の目は家族にも向けられるだろう。大石にとっては孫にあたる子どもたちの将来を考えれば、目立つことはしてもらいたくないというのが親の思いではないかと考えたからだ。

3人の子どもたちは妻の澄子と同様、「お父さんがやるというのなら、いいんじゃない」と気軽く賛意を示してくれた。

長女の理奈《りな》は結婚して1人の子どもをもち、佐賀県で暮らしていた。理奈にとって「水俣病」は、忌避するような病気でも、偏見を持つような病気でもなかった。小学校に入学したころから、胎児性の水俣病患者たちが公民館にやってきた。話をしてくれたり、一緒に遊んだりして、握手をして別れるという経験をしてきた。チッソが水銀を流したために魚が汚染され、それを食べた人が水俣病になったのだという話も聞かされていた。チッソ水俣工場に隣接する小学校に通学するときは、百間《ひやっけん》の排水溝の横を通らなければならなかった。悪臭を漂わせるヘドロだらけの排水を見るたび、「ここから水銀が流れたのか」と思わされた。

そんな小学校のときの経験があったから、理奈の心のなかでは、水俣病に対しても、水俣病の患者に対しても、偏見はまったくなかった。父親が水俣病と診断されたと聞かされたときも、「父も魚をたくさん食べてたから、やっぱり病気になったんだ。大変だったんだろうな」という気持ちばかりがわきあがったという。

家族に背中を押されるように、大石は翌日、患者会会長への就任を受けると野中たちに伝えた。すぐに、地域ごとの世話人が集められた。世話人には、水俣病第三次訴訟の子どもの世代の人たちが多くなっていた。この世話人会の場で、大石の会長就任は承認された。

1週間後の2月20日。不知火患者会を立ち上げるための、患者たちの総会が開かれた。大石はこの場で初めて、会長としてみんなの前に立った。事務局長には、瀧本忠が就任した。

発足のこのとき、会員となった患者数は39名だった。それは大石が会長職を引き受けるときに、「中学校のころに、学級委員長をやった経験もある。似たような感じのものだろう」と、軽い気持ちで考えた程度の人数だった。

しかし、不知火患者会の会員数は、すぐに1000名を突破。やがて、5000名を超える規模にまでふくらんでいく。そのような事態になるとは、このときの大石はまだ夢にも思っていなかった。

たたかうなら裁判しかない

患者会の会長として行動していくためには、水俣病への一定の知識を持っていなければならない。そう考えた大石は、その日から、野中による「水俣病」に関する講義を受けることにした。

大石には、わからないことがあまりに多すぎた。水俣病の病像に関する医学的なことも、たたかいの歴史や裁判の経過なども、これまで深く考えたことのない話ばかりだった。

それでも、これまで出版されてきた何冊もの本に目を通し、過去に出された文書などに目を通していくなかで、大石は少しずつ水俣病への理解を深めていった。

水俣病と正面から向かい合うなかで、大石はあらためて水俣病というものが、若いころ自分が目にしたような劇症型症状だけの病気ではないことを痛感させられた。自分と同じように、感覚障害など軽度の症状しかないが、生活や仕事に支障をきたし、水俣病と認められずに苦しんでいる患者が多数いることを知らされた。

2月20日の結成総会の後、大石は生まれて初めて、記者会見に臨んだ。居並ぶ記者たちの前で、「水俣病不知火患者会の結成経過と趣旨について」という文書を読みあげた。

A4判用紙1枚半にわたる文書には、1973（昭和48）年のチッソの加害責任確定裁判から始まり、1995（平成7）年の解決策まで、先人たちの築いてきた水俣病闘争の歴史に敬意を表する言葉がつづられていた。そうした経過を短くまとめるのは、水俣病の勉強を始めたばかりの大石には荷の重い仕事だった。文中の言葉のほとんどの部分を、野中重男市議の援助を得ながら書き上げた文書だった。

けれども、ここで新たなたたかいに立つ思いをつづったくだりには、長年にわたって行政から放置されてきた水俣病患者としての心情がにじみでていた。

「いまここで健康が不安になり、いまここで名乗り出ないといけないと決心し、私たちはいま窓口が認定申請しかありませんので、認定申請に踏み切りました。認定申請したからといって簡単に私たちが救済されるとは思いません。多くの時間と運動が必要になってくるかもしれません。しかし、まず名乗り出て、立ち上がらないと何も進まないと考えます。

……県民、国民のみなさまにも呼びかけたいと思います。私たちは名乗り出るのは遅れましたが、水俣病を診断できるお医者さんから水俣病、あるいは水俣病の疑いの診断書をいただいて認定申請しました。……みなさまお一人おひとりに、私たちがどのような症状で毎日悩んでいるのか、機会をつくりぜひご説明したいと思います。……どうかご支援いただきますように、心からお願い申し上げまして、結成の経過と趣旨の説明に代えさせていただきます。ありがとうございました。……」

翌日、大石は不知火患者会会長として、熊本県庁に出向いた。

廃品回収の仕事をしていた当時の大石には、サラリーマンのようなスーツは持ち合わせがなかった。家にあるのは黒の礼服と、白黒のネクタイだけだった。公的な場とはいえ、礼服を着ていくわけにはいかない。大石は普段の仕事着であるジャンパー姿で県の担当者とも会い、何日間かの「会長」としての仕事をこなさなければならなかった。

患者会の先頭に立って行動することが、大石にとって、いかに降ってわいた突然の出来事だったかを物語っている。

結成総会では、療養費や一時金の支給など、行政への要求項目を決めていた。熊本県庁を訪ねた大石は、①認定審査会の再開、②認定外であっても健康被害があるときには、療養費、一時金の支給、③健康調査の実施を要求する文書を手渡した。

患者会を立ち上げた直後、公的な機関や他の患者団体などをまわって歩く日が続いた。そのなかで、大石の心に最も深く突き刺さったのが、上京して環境省の担当者を訪ねたときのことだった。

3月21日、東京で開かれた全国公害弁護団連絡会議総会に参加するため、大石は初めて東京の地を踏んだ。翌日、水俣病被害者6団体の国会内集会があり、終了後に環境省を訪れた。

いつものように、大石は要求項目などの文書を読み上げ、水俣病患者として苦しんでいる仲間たちの現状を担当の役人に訴えた。しかし、手ごたえはまったくなかった。

役人たちは無表情で手元の文書に目を落とし、「早く終わらせてくれ」と言わんばかりの態度を見せるだけだった。患者の苦しみに思いをはせる気持ちなど、まったく持ち合わせていないようにしか見えなかった。

「国は簡単にはこちらの言い分を聞くものではないと教えられていたが、ここまで他人事のような、突き放した態度をとるのか……」

大石はあらためて、行政の壁の高さを思い知らされ、これから歩いていかなければならない道の遠さを知ったのだった。

水俣病が「公式確認」されたのは、チッソ（当時は新日本窒素肥料）付属病院に幼い2人の姉妹が来診し、水俣保健所に「類例のない中枢神経疾患が発生した」と報告があった1956（昭和31）年5月1日とされている。水俣では毎年、その5月1日に水俣病犠牲者の慰霊式がとりおこなわれてきた。

不知火患者会が発足した年の、慰霊式がある前日の4月30日。水俣市役所近くのもやい館で、水俣病第三次訴訟を支援した人びとの集会が開かれた。その会が終了したとき、大石は瀧本に招かれて別室に呼ばれた。そこに待っていたのは、2人の弁護士だった。

大石が弁護士と会うのは初めてだった。大石の意識のなかでは、弁護士など罪人が法廷で争うときにしか登場しないものだった。「自分は何か悪いことをしただろうか」といういぶかしい気持ちのまま、大石は2人の弁護士と向かい合った。

「大石さん。認定申請をしても、国はけっして認めようとしない。患者会をつくって要求しても、それだけじゃ患者は救済されない。裁判でたたかうしかないんですよ」

弁護士が発した言葉は、思いがけないものだった。

「裁判……」

大石は言葉に詰まった。

ほんの半年前まで大石は、自分が水俣病であるということすら知らずにいたのだ。

認定申請をして、不知火患者会を結成し、その会長を引き受けた。会長となって東京の環境省へ行き、熊本県や鹿児島県の担当者と会い、さまざまな場所で多くの人を前に話をすることになった。目のまわるような半年間を送ったが、裁判を起こすことなどまったく意識にはなかった。

「そうですか……」

ようやく、その一言を絞り出すしかなかった。

けれどもこのとき、大石の心は、不知火患者会の会長就任を持ちかけられたときのように動揺してはいなかった。

会長になって、いろいろな行政関係者と会い、話をしてきた。熊本や鹿児島の県庁へ出向いて担当者に要求を提出したが、何の回答も得られなかった。

なかでも驚かされたのは、環境省で国の役人と対したときだった。役人たちは、自分たち患者をまったく相手にしようとしない。患者の痛みを、知ろうともしない。大石は国の姿勢を痛感させられた。

この間、4月4日に環境省は、新たに「保健手帳」の再開を公表していた。1992（平成4）年に始まった水俣病総合対策医療事業の保健手帳をわずかに拡充し、患者の医療費などを支給する制度だった。だが、慰謝料的な一時金の交付はなく、手帳を受けるためには「認定申請や裁判を取り下げる」ことが条件とされていた。関西訴訟最高裁判決以後、認定申請者が急増したことへの、見せかけの対処だった。

不知火患者会は、患者の求めている救済策にならないとして、この新保健手帳については一貫して反対してきた。

会長になって、まだわずか2か月足らずだった。だが、それだけの短い期間であっても、行政が患者側の要求に応じようとしないことは、はっきりとわかった。

「裁判をしなければ、救済されない」という弁護士の言葉が、すんなりと納得できるものに思えたのだ。

「司法による救済」

深い意味はわからなかったが、そこに活路を見出す以外に、患者の取り得る道はない。大石は、裁判に訴えることを決意した。そして、裁判をするからには、自分がその先頭に立って原告団長にならなければいけないという気持ちも、強めていた。

翌日の5月1日、水俣病資料館近くの水俣メモリアルにおいて、水俣病犠牲者慰霊式がとりおこなわれた。この席で小池百合子環境大臣は、国の責任者として「祈りの言葉」を読み上げた。

「この慰霊式に臨み水俣病という未曾有《みぞう》の公害により、かけがえのない生命を失われた方々に対し、心から哀悼の意を表します」

そういう言葉で始まる挨拶のなかで小池大臣は、「長い間大変な苦労を強いてしまいましたことを心からお詫び申し上げます。誠に申し訳ありませんでした」という陳謝とともに、国として被害者の救済を進めていくことを誓った。

しかし、現実に国のやっている対策はどうなのか。不知火患者会会長として初めて出席した大石には、列席した小池百合子環境大臣の言葉が、心のこもっていない空虚なものにしか聞こえなかった。

患者としての言葉は何だ

この5月の半ばの時点で、前年の関西訴訟最高裁判決以降に認定申請をした被害者は2000人を超えていた。その人たちのうちの87・3%が、これまで一度も申請をしたことのない新規申請者だった。救済措置のことを知らずに取り残されてきたり、知っていても躊躇《ちゆうちょ》して声を上げられなかった人が、いかにたくさんいたかを物語る数字だ。

2月の結成で活動を始めていた不知火患者会は、まだ情報の届いていない人に情報を届け、ともに救済を求める行動を呼びかけるため、精力的に水俣や周辺地域に働きかけていた。湯浦《ゆのうら》、海浦《うみのうら》、福浦、長浦、出水《いずみ》、御所浦《ごしょうら》、水俣、津奈木《つなぎ》、二見《ふたみ》。この5月の後半だけでも、これらの地域の住居に各戸配布のビラを手分けして入れ、集会所などでの説明会を開いていった。

6月初めには、毎年、東京でおこなわれる全国公害被害者総行動に、不知火患者会として初めて参加した。

公害総行動は、全国の大気汚染公害や環境破壊公害などで被害を受けた人たちが一同に集まり、公害撲滅を期して心を一つにして、国などに働きかける集会だった。

6月9日に日比谷公会堂で開催される総会に先立って、前日に実行委員会が開かれた。全国で公害に対するたたかいをしている団体などの代表者たちが集まるこの席で、大石は初めて、多くの人を前に不知火患者会を結成するにいたった話をすることになった。

「不知火患者会会長の、大石利生と申します。水俣病は、チッソが流した有機水銀が原因で起こった病気で、発生からすでに50年が過ぎようとしている公害です。……」

いつものように、大石は自分が知識として持っている水俣病の話を始めた。ところが、数分もしないうちに、会場で耳を傾けていた実行委員の一人に制止されてしまった。

「大石さん。あんた、何を話してんだ。ここは、そんな話をするところじゃねえんだよ」

江戸っ子なまりの大きな声で大石を制したのは、東京で長年、労働組合運動に携わってきた大島文雄だった。

元日本航空の社員だった大島文雄は、労働組合運動のなかで公害被害者の活動や訴訟を支援し、ともに汗を流してたたかってきた。水俣病のことに関しても、第三次訴訟に呼応して1984（昭和59）年に東京で提訴された水俣病東京訴訟の闘争を支援し、現地にも何度も足を運んだ経験のある人物だった。

「水俣病のことなら、あんたなんかより、俺たちのがずっと詳しいんだ。俺たちが聞きたいのは、そんな話じゃねえ」

学者か医者、弁護士が話すような内容なら、すでに多くの参加者が知っていること。ここで聞くことではないと、大島は言っていた。

戸惑いながら立ち尽くす大石に向かって、大島はこう言葉を続けた。

「あんたは、水俣病の患者なんだろ。どういう症状があるんだ。何にどんだけ苦しんできたんだ。俺たちにどうしてほしいんだ。患者としての言葉は、どうなんだ。それを俺たちに聞かせてくれ」

大島に促されて、大石は再び言葉を続けた。自分には感覚障害があり、仕事や生活のさまざまな場面で不都合が起こること。それが水俣病が原因だという真実を、つい半年前まで知らなかったこと。誰も教えてくれなかったこと。患者会をつくって声をあげたいまでも、家族には迷惑をかけているのではないかと懸念していること……。

「私は味覚がマヒしていて、味がわかりません。どんなに美味しいといわれる刺身を食べても、私にはただ生の魚を食べていることしかわかりません。味がわからないので、何を食べたいか、どんな料理を食べたいかという気が起きません。ただ、お腹がいっぱいになればそれでいいのです。だから、毎日、料理をつくってくれる妻にも、〝美味しかったよ。ごちそうさま〟の言葉が言えないのです。それが一番、情けないのです……」

大石の言葉に、会場は静まり返った。黙って聞いていた大島は、最後に大きな声でこう大石に呼びかけた。

「よし、わかった。俺たちはあんたたちを支援する。一緒にたたかっていこう」

このときから大石は、人前で支援を訴えるときには、「患者としての、自分自身の言葉」で話をしていかなければならないのだと、心に強く刻みつけた。

8月1日には、不知火患者会の会員数が、1000人を突破した。提訴に向けて準備をするなかで、大石は先人たちの残した多くの言葉やスローガンを目にしていった。

なかでも心に残った言葉の一つは、1969（昭和44）年に水俣病第一次訴訟が提訴されたとき、原告団長の渡辺栄蔵が訴状を提出したあとに口にした言葉だった。

「本日、ただいまから、私たち水俣病患者は、国家権力に立ち向かうことになりました」

第一次訴訟は加害企業であるチッソを被告として慰謝料を請求した裁判で、国や県など行政の責任には触れていなかった。それでも渡辺は、水俣病の裁判を提訴することは、「国家権力」とのたたかいになるということを、感じていたのだろう。

水俣病の裁判とは、そういう性質のものだと、大石はあらためて気を引き締めさせられた。

政治解決によって1万人を超える被害者の救済につながった第三次訴訟のときには、水俣病被害者・弁護団全国連絡会議が、「生きているうちの救済を」というスローガンを掲げた。公害の被害を訴える裁判は、解決までに長い歳月がかかることが少なくない。まして国や行政を相手にした訴訟となれば、10年を超えるのが普通だとも言われていた。

それでは、高齢の患者たちが多い裁判では、勝利を勝ち取ったときには「遅かった」ということになってしまう。「生きているうちに」というスローガンは、患者たちが心の底から絞り出した願いから生まれた言葉なのだろう。

そうした過去のたたかいから考えれば、不知火患者会が取り組んでいる現在のたたかいは、「水俣病患者すべての救済を」しかないと大石には思えた。取り残され、偏見から隠れ続けた被害者の、すべての救済こそが自分たちの願いであり、目的であると思った。

その気持ちを胸に、大石は7月初め、提訴したときの記者会見で語るべき言葉を、自分の力で書くことに取り組んだ。

これまでは、水俣病への知識もない自分には、人前で披露する文章など書けないと考えてきた。野中重男市議や瀧本事務局長を頼ってきた。だが、東京の公害総行動で大島文雄に「患者自身の言葉で語れ」と一喝されたいま、大石は、提訴後の記者会見で発言する文章も自力で執筆しなければならないと考えた。

「水俣病公式発見50年を目前にして、なぜまたいま、行政でなく、司法に頼らなければ、私たち患者は救済されないのでしょうか。私たちは、生きるために魚や貝類を食べたのです。病気になるために食べたのではないのです。加害者は被害者に対して、償いを果たすべきです。……」

10月3日、大石をはじめとする不知火患者会の50人が熊本地方裁判所に提訴。裁判の呼称を、「ノーモア・ミナマタ国家賠償等請求訴訟」とした。「もうこれで、すべての被害者を救ってほしい。水俣病を繰り返さないでほしい」という、みんなの願いが込められた名称だった。

原告団長は大石利生。弁護団長に園田昭人《そのだしょうと》、事務局長には内川寛が就任した。

提訴直後に、記者会見を兼ねた報告集会が開かれた。大石はマスコミの記者たちを前に、「本当は裁判など、したくはないのです。加害者であるチッソと行政が、被害者の救済に真剣に取り組んでくれれば……」と、心の底からの心情を語った。そして、3か月前からこの日のために準備してきた文章を読み上げた。

集会の終了後、一人の新聞記者が大石に近づいてきてこう尋ねた。

「先ほど読み上げられたあの文章は、誰がつくったものですか」

法律にも運動にも詳しいわけではない大石には、書けない文章だと感じたのだろう。ゴーストライターが背後にいるにちがいないと、記者は勘ぐったようだった。

記者の質問に、大石は胸を張ってこう答えた。

「私が自分の言葉で、書いた文章です」

いまになってなぜ裁判なのかという声もなくはなかったが、マスコミの反応は敏感だった。提訴の翌日には共同通信。その3日後には熊本県民テレビ（KKT）。1週間後には、韓国のテレビ局に、NHK、毎日新聞と、大石への取材が続いた。

この間に大石は、1994（平成6）年から2002（平成14）年まで水俣市長を務めていた吉井正澄《よしいまさずみ》の自宅を訪問している。1週間後に控えた、ノーモア・ミナマタ訴訟決起集会への、参加案内をするためだった。

1995（平成7）年に、水俣病患者や患者団体に対して、「市、県、国の水俣病対策は間違っていた」と謝罪し、政治解決の一端を担った吉井元水俣市長。「もやい直し」と称して、水俣の再生に尽くした吉井は、大石たち不知火患者会のたたかいにも好意的な姿勢を示してくれた。

ノーモア・ミナマタ訴訟には、11月14日に第2陣504人が追加提訴。12月19日には第3陣136人が追加提訴し、原告の数は、一気にふくらんだ。この原告数は後に、2010（平成22）年3月30日提訴の第20陣377人までで、2536人に達することになる。

その年も押し詰まった12月26日、第1回の口頭弁論が開かれた。大石は、岩下セキノとともに証言台に立った。

「原告の大石利生です。水俣市八ノ窪《はちのくぼ》で生まれ、生活してきました。……」

そういう言葉で始まる、大石の陳述書が残されている。A4判6枚に及ぶその陳述書には、魚を食べて育った幼いころから、自分たち原告はなぜこれまで救済を求める声をあげられなかったかという、水俣病患者の生きざまがつづられていた。

「私はたとえ刃物で皮膚を傷つけられても、あまり痛みを感じません」という一言に続く、患者でしか表現できない一節には、聞く者の心を揺さぶらずにはおかない鬼気迫る心情が込められていた。

大石は32歳のころ、チッソの子会社である「チッソ開発」という会社に勤務していた。2トンダンプを運転して、チッソが発電所を持っている曾木《そぎ》の滝まで運転して行き、チッソ開発が養殖している鯉をトラックに積みこむ。それを、湯の鶴温泉や湯の児《ゆこ》温泉、水俣市内などにある、何軒かの料理屋に運んでいくのが日課の仕事だった。

ある日のこと、いつものように仕事を終えて帰路についた。その日は途中の仕事に手間取り、すでに日が落ちて暗くなってしまっていた。国道268号線を走り、山間から水俣市内に近づいてカーブにさしかかった。そのとき、ライトをハイビームにして対向車が正面から走ってきた。大石は一瞬、目がくらんで、前方がよく見えなくなった。

「なんでライトを下げんとか」

心のなかでつぶやいてハンドルをわずかに左に切った瞬間、ダンプは道端の縁石から脱輪した。そのまま、数メートル下の田んぼに向かって転がり落ちていった。大石はそこで、意識を失った。

どれぐらいの時間がたっていたのだろう。ふと目を覚ますと、顔が半分田んぼの泥に埋まっていた。転落の途中で、車外に投げ出されたのだった。

大石は起き上がり、ひっくり返っているダンプに向かって歩いて行った。ところが、左足を動かすたびに、何か引っかかるものがある。不思議に思い、ダンプのライトに足を照らしてみた。

左足の甲には、15センチほどもありそうなガラス片が足の裏から突き抜けて飛び出していた。

大石は自分でそのガラス片を引き抜き、血だらけの傷口をタオルでしばった。

大石は這いながら、がけをよじ登った。国道の高さまでたどり着いたとき、ちょうど南国交通のバスが通りかかった。大石は手を振ってバスを止め、事情を話して病院まで運んでもらった。

これだけの大きな傷を受けながら、大石はまったく痛みを感じていないのだった。

「きっと、傷が大きすぎたから、逆に痛みを感じんとやろ」

いぶかしい思いはしたが、大石はそう考えて納得しようとした。しかし、ずっと後になって大石は、水俣病の感覚障害が原因で、痛みを感じなかったのだと知らされるのだった。

大石は陳述の途中から、体を被告席のほうに捻じ曲げ、被告である国の代理人に向かって言葉をぶつけていた。本来であれば、陳述は裁判官に聞いてもらうのが趣旨だ。しかし大石は、心の底からわき上がる怒りを、どうしても被告である国の代理人に向けて発せざるを得なかったのだ。

だが、水俣病患者としての苦しみをどれだけぶつけても、国の代理人は涼しい顔をして泰然と席に座っていた。

「これが行政の態度か。被害者を置き去りにして、苦しめてきた者たちの姿なのか」

大石はあらためて、「行政が動かないのなら司法の場で決着をつけなければ」という気持ちを強くしていた。

こうして、大石の人生において、もっとも目まぐるしい日々が続いた2005（平成17）年が過ぎていった。

ほんの1年前、大石はようやく初めての水俣病検査を受診したばかりだった。それから1年の間に、患者会の会長になり、裁判を起こして原告団長になった。このような1年になるとは、思ってもいなかった。

そのあわただしい1年が過ぎ、感慨にひたっていた翌2006（平成18）年の初頭。大石の体調に急変が訪れた。

1月24日。その日、大石は定期健診で、協立クリニックに行くことになっていた。朝、準備をしようと家のなかを歩いていると、台所でワゴンにあたってつまずきかけた。

「あれ、こんなとこにワゴンがあったんか。全然わからなかったなあ。脳貧血にでもなったかな」

それが予兆だったのだろうか。協立クリニックで受診中に体調が不安定になった大石は、急遽《きゅうきょ》、水俣市立総合医療センターでMRIの検査を受けるよう医師に指示された。

検査の結果は、「後頭葉脳梗塞《こうそく》」だった。大石はそのまま、医療センターに入院した。1週間にわたって点滴の治療を受け、症状が安定したため退院して自宅に戻った。

入院していた間に、目を通していない新聞や患者会関係の文書類がたまっていた。自宅でそれらの書類を読もうとした大石は、頭を殴られたように愕然《がくぜん》とした。目の前の文字が、まったく読めなくなっているのだ。

大石はあわてて、いつも使い慣れているパソコンの前に座った。3月12日には、水俣病50周年事業のフォーラムがあり、不知火患者会会長、ノーモア・ミナマタ訴訟原告団長として、発言することになっていた。その原稿が、まだ書きかけで途中になっていた。

ところが、パソコンを見ても、スイッチがどこにあるのかも、わからない。妻の澄子にパソコンを立ち上げてもらったが、キーボードに何が書いてあるかも、判断できなくなっていたのだ。

「靴下をはく」ような日常の動作にも、「靴下ち、なんや」と戸惑いを見せた。道で知り合いに出会っても、まったく顔がわからない。

一時的で比較的軽度のものではあったが、明らかに脳梗塞の後遺症が出ていたのだ。

絶望のどん底に、大石は突き落とされた。

「俺の頭は、どうなってしまったんだ。もう、再起不能なのか……」

早く原稿を、仕上げなければいけない。フォーラムでの発言を、まとめなければいけない。

冷たい汗が、わきの下からにじみ出てきた。鼓動が早くなった。いままで感じたことのないほどの焦りが、大石を押しつぶそうとしていた。

2　水俣で生まれ育って

幼いころ魚をとった

大石が生まれ育った水俣市八ノ窪《はちのくぼ》は、チッソの海への排水口がある百間《ひゃっけん》の海岸から内陸へ入り、つづれ坂を登っていったあたりの一帯だ。大石の生家からさらに坂を登り、斜面を登りきったところに大石家の畑があった。

大石の父親はチッソの工員で、工場で3交代の労働をしながら、畑を耕したりして、家族を養っていた。

大石は、4人兄弟の一番上。本当は姉がいたのだが、生まれてすぐに亡くなっていると大石は語る。

太平洋戦争開始前の1940（昭和15）年生まれで、幼いころには山手のほうに疎開をしていた経験もある。国策企業であるチッソの工場は標的となって集中攻撃を受け、高台には高射砲も据えられていた。市内にいては被害を受ける危険性があったからだ。

漁家ではなかったので、魚は店で買って食べていた。ただ、それ以外にも、海岸で貝類や小さな魚をとって食べるのが、日常だったという。

当時、百間の浜辺は遠浅で、浜にはアサリやハマグリ、それ以外にも名前のわからない貝がたくさん生息し、幼い子どもでも簡単に貝がとれた。

海水は澄んで砂浜は美しく、文字通り「白砂青松《はくしやせいしよう》」のふるさとだった。

戦争が終わって1947（昭和22）年に小学校に入学したときは、学校の校庭はまださつま芋畑にされたままで、教科書も勉強道具もなかった。大石たち児童は何人かと共同で、上級生が使い古した本を使うしかなかった。

美しくのどかな自然のなかで小学校時代を過ごしたが、6年生になった12歳の夏に父親が亡くなった。そのとき、一番下の妹はまだ生まれて8か月。収入の道を断たれ、5人家族の苦しい生活が始まった。

わずか1kgの米を、近所の米屋で嫌な顔をされながら、掛け売りしてもらわなければならなかった。

百間の浜辺は、幼いころからの遊び場だった。父親がいなくなってからは、この海岸で貝や魚をとって食べるのが、家族の暮らしの支えになっていた。

先端に鉄製の矢をつけ、手前にゴムのロープがくくられた銛《もり》をあやつって小魚をとる。たまに大きな魚がとれれば、「今日はみんなでこれが食べられる」と、心を弾ませて走って家に帰った。

現在では水俣病資料館になっているあたりの下の海岸には、ムラサキ貝がたくさん生息していた。あまりおいしい貝ではなかったが、他の獲物が少ないときはここでムラサキ貝をとり、カゴをいっぱいにして家に戻った。

大石にとって貝や魚をとるのは、遊びではなく、家族が生きていくための「仕事」のようなものになっていた。

百間の排水口のあるあたりは入り江になっていて、子どもたちにとっても絶好の遊び場だった。この排水口の近くに漁船をもやっておくと、船底にフナ虫がまったくつかないので助かると、漁師たちが話していた。大石が小学校5年生の、1951（昭和26）年のころだった。

後になって大石は、自分たちのような幼い子どもに簡単にとられる大きな魚がいたのも、すでに排出されていた有機水銀の影響だったのかもしれないと思うようになった。水俣病が「公式確認」されるまでにはまだ10年の歳月があったが、すでにこのころには、人知れず汚染は進行していたのだろう。

それでも当時は、自分たちが泳ぎ回り、命の糧である魚介類を与えてくれる水俣の海が、生き物すべてを殺し、苦しめる毒で汚されているなどとは夢にも思っていなかった。

船底に虫がつかない本当の理由を知ったのも、ようやく、不知火患者会の会長になって勉強をするようになってからだった。

水俣市街全景。山本達雄氏提供

中学になると、大石は家計を助けるために新聞配達のアルバイトに励んだ。朝早く起きて朝刊を配り、学校から帰ってすぐに夕刊の配達に出る。真冬の寒さ厳しい日でも、大雨で体中ずぶ濡れになるような日でも、自分は濡れても新聞は濡れないよう気を配りながら、大石は新聞を配達した。

夏休みのような長期休暇のときには、市役所の衛生課のアルバイトをさせてもらった。「市役所」といっても正式なものではなく、衛生課の課長が、自分の仕事の一端を手伝わせてくれるような仕事だった。

おそらくその課長は、学校の先生から大石の境遇を聞いたのだろう。ある日学校で出会うと、「大石君。うちへ遊びにこんか」と誘ってくれた。大石は課長の家に行って、夕飯もごちそうになった。

アルバイトというのは、その課長が地域の家庭を回って検便を集め、検査する仕事の助手のようなことをするものだった。自転車の荷台に顕微鏡を積んで、その日に検査のある地域へ出向く。当時はまだマッチ箱に入れていた検便を住民から回収して、プレパラートにセットし、顕微鏡で見られるところまで準備をするのが仕事だった。

大石家の経済的な窮状は、中学校を卒業するまで変わりなかった。

中学生になると、阿蘇《あそ》、熊本方面へ修学旅行に行く。先生は「大石、せっかく準備してきたんだから、一緒に行こう」と誘ってくれたが、そんな経済的余裕はとうてい家にはなかった。

大石が修学旅行に参加できそうにないと知った同級生たちは、チッソが販売している石鹼をみんなで売って、その利益で大石を修学旅行に行けるようにしてくれた。仲間や、いろいろな人びとに支えられて、大石は経済的に苦しい中学時代を乗り切ったのだった。

衛生課の課長は大石を気に入り、「大石君。中学を卒業したら、俺のところへ来いね」と言葉をかけてくれていた。だから大石はずっと、卒業後は市役所の職員になるつもりでいた。

ところが、卒業が間近になったある日、「チッソの入社試験がある」と先生が教えてくれた。先生は、「大石、チッソば、受けんとね」と誘ってくれた。大石の成績や、人柄を考慮してのことだったのだろう。

水俣では、大企業のチッソは最高の就職先だった。当時チッソには、地元の中学校の成績優秀者のうち、何割かしか採用されなかった。チッソは中学生にとってみれば、きわめて「狭き門」だったのだ。

だが、その日が応募の最終期限だった。大石はすぐに健康診断を受けて願書をつくり、チッソの試験に応募した。試験は受けたが、とうてい自分には無理だろうと大石自身は考えていた。ところが、この試験に大石は合格して、チッソの社員となったのだった。大石家にとっては、願ってもない就職先だった。

中学校を出てすぐチッソに入った大石は、ここで青春時代を過ごしていくことになる。

就職して1か月もたっていないころだった。ブラスバンドの活動に打ちこんでいる一人の先輩から、大石はこう声をかけられた。

「大石、今度、メーデーがあるんじゃけど、シンバル叩いてくれんね」

これまでの人生で、楽器など触れた経験もなかった。「シンバル」と言われても、どんな楽器なのか見当もつかない。訳も分からないまま誘われて会場に行き、初めて、鍋のふたのような金属をガシャーンと叩き合わせるのがシンバルだと知った。

これがきっかけで、先輩から「せっかくブラバンにきたんじゃけ、何か吹け」と言われた。そして、あてがわれたのがクラリネットだった。

当時、大石は仕事をしながら、夜間の定時制高校に通っていた。ブラスバンドの練習は学校が終わってから、ようやく夜の9時から10時という時間帯にしか参加できなかった。

せっかく楽器を手にしたのだから、何とか吹けるようになりたいと必死で練習した。だが、ようやく「ドレミ」の音が出せるようになったぐらいだった。それでも、ブラスバンドとしては大会にも参加し、九州大会にまで進出したこともあった。

思いがけない形で参加したブラスバンドだったが、ここでクラリネットを吹いた経験は、大石の心のなかに、ある「思い」を残してくれた。ブラスバンドの演奏は、指揮者の動きに従って、みんなが心を合わせて楽器を鳴らさなければ成り立たない。一人でも心がそろっていなかったり、違う行動をすれば、合奏は成り立たなくなってしまう。

「なんでも、みんなで一緒にせんといかんのだな」

漠然としたものだったが、そういう気持ちが芽生えたと大石は語る。その気持ちは、後に不知火患者会やノーモア・ミナマタ訴訟で団体行動をとっていくときにも、大石の心の礎《いしずえ》となった考え方だった。

チッソに入社してこうした活動をしていたころ、大石は目の調子が悪くなって、頭痛がすることがしばしばあった。町の眼科に通ったがよくならず、市立病院の眼科や内科、さらには熊本大学附属病院の眼科も受診したが、原因もわからないままだった。

定時制高校の体育の時間に、足に強い痙攣《けいれん》が起きたこともあった。会社で仕事をしている最中に足が急にマヒしたように動かなくなり、まわりの人たちに支えられて市立病院まで行き、点滴を受けたこともあった。

そうした症状も、原因はいずれも不明だったし、点滴ですぐよくなるわけでもなかった。後になって、水俣病の症状が出ていたのではないかと大石は考えるようになった。

大石の勤務場所は、チッソ水俣工場の研究室だった。隣には実験室があって、いつも魚介類を蒸しているような生臭いにおいが漂っていた。勤務していた当時は、何の実験をしているのかまったくわからなかった。

不知火患者会の活動をするようになってから、大石はあのころを振り返ってこう思うようになったという。

「あれはきっと、水俣の海の魚介類から、メチル水銀を抽出する実験だったのではないだろうか……」

大石が水俣病の患者を初めて目の当たりにしたのは、チッソに入社して5、6年が過ぎた21歳のころ。体調を崩して、市立病院に入院していたときだった。

当時、市立病院の2階病棟は、水俣病患者専用の病室になっていた。その病棟の廊下を歩くと、各病室のベッドや床に敷かれたマットの上に横たわる水俣病患者たちの姿が見えた。

大石がこの水俣病患者専用病棟へ足を向けたのは、入院している比較的軽度の脳性マヒのような症状の子どもたちと親しくなったからだった。

たまたま看護師の部屋をのぞいたとき、小学校3年生ぐらいの子どもが勉強をしていた。何気ない会話をするうちに親しくなり、その子の友だちも含めた3人の子の勉強を見てあげるようになった。

それ以来、大石は頻繁に2階病棟に出向くようになったのだ。

2階の病室には、手や足が折れ曲がって硬直し、骨と皮だけのようにやせてしまった患者がたくさんいた。患者の横には、自分自身も水俣病の症状を持ちながら、家族であろう重症患者を必死に看病している人たちもいた。

言葉にならない奇声をあげている人。意識がないのに、暴れ狂ったように動き続ける人。

ベッドの上でタバコを吸おうとしている人は、ケースから煙草を取り出し、口にくわえてマッチで火をつけるまで、手が小刻みに震え続けていた。その仕草に、大石は水俣病の恐ろしさを実感した。

子どもの病室には、何かを見つめるような透き通ったきれいな瞳をした、人形のように見える女の子もいた。

この病棟で水俣病患者を目にした経験が、大石の心のなかの「水俣病像」を決定的なものにしていたのだった。

仕事を転々とするなかで

大石がチッソに勤め始めたころ、労働組合は「安賃闘争」と呼ばれる激しい賃上げ闘争をたたかっていた。会社側は工場をロックアウトし、争議は長引いた。ようやく終結したとき、会社は200人ほどの労働組合員を人員整理の対象とした。

このとき大石も同時に、「病欠が多い」という理由で、「チッソ開発」という子会社に配転させられるはめになった。活動家と親しくしていたことから、同類として目をつけられていたのかもしれない。

チッソ開発では、業務委託部に配属となった。20歳そこそこの大石は、この部署で一番若い労働者だった。

業務委託部での大きな仕事は、チッソ水俣工場の周囲を流れる排水溝にたまったヘドロの浚《しゅん》渫《せつ》だった。大石は普通自動車の免許は持っていなかったが、重機の免許をとってクレーンを操り、3か月に1回ほど浚渫作業をした。クレーンでさらったヘドロはダンプトラックに積み込み、埋め立て地に運んで捨てていた。

浚渫作業を始めると、いつも会社正門にいる守衛が大石のもとへ走ってきた。

「水が濁らないようにしてくれ」

守衛は渋い顔つきで、そう指示してきた。水俣病とチッソの排水との関係が問題にされてきたこの時期、できるだけ人目を引かないために、排水を濁らせないよう監視する指令が出されていたのだろうか。

だが、川底からヘドロを重機ですくいあげるのに、水を濁らせないようにするなど不可能な話だ。

「そんなこと、できるわけがないだろう」

大石は反論しながら、かまわずに作業を進めていった。

工場から出た廃棄物を蓄積する八幡プールから、カーバイトの残渣《ざんさ》をかき出し、トラックに積み込んでチッソプラスチック工場やひばりが丘のグラウンド、ガソリンスタンド建設用地などに運ぶ仕事もあった。こうした残渣には、どのような物質が含まれていたのか、大石には知る由もなかった。

粘り気があって軟らかい残渣は層をなして堆積し、ブルドーザーを走らせるとキャタピラが地中に埋まりこんでしまうこともあった。そんなときは、丸太をくくりつけて支えにし、ようやく脱出するのがやっとだった。

その後、大石は車両部に配転になった。大型自動車の免許をとり、トラックで県外まで荷を運ぶ仕事に携わることもあった。国道の路肩からトラックごと田んぼに転落し、足にガラスが突き刺さるけがをしたのもそうした仕事のなかでのことだった。

1974（昭和49）年に大石はチッソ開発を辞めて、廃品回収の仕事をするようになる。トラックに乗って地域をまわり、「チリ紙交換」と呼ばれた仕事を主に手がけた。第1次石油ショックのあとで、廃紙類が高騰していた。チリ紙交換は割りが良かったのだ。

このチリ紙交換をしてまわっていたときに、いまでも忘れられない出来事があった。トラックを運転しながらチッソの社宅地に入っていったときのことだ。小学校4年生ぐらいの子がティッシュペーパー1枚を持ってきて、「おいチリ紙交換屋。これをトイレットペーパーと替えてくれ」と横柄な口調で言ったのだ。

この子の親は、いったいどういう育て方をしているのだろうか。大石はいぶかしい思いがした。それでも、使いかけのものだったが、トイレットペーパー1本と替えてあげた。子どもはうれしそうな表情で、走って帰っていった。

「お父さん、お母さんによろしくね」

子どもの背中に声をかけて、大石はまた仕事に戻った。

社会に出ていろいろな人と知り合うなかで、大石の心には、いつからか強い信条が芽生えていた。「人との出会いは、一つひとつ大切にしていこう」という思いだった。

子どもの言い分は、切り捨てることもできた。だが、この子との出会いが、いつかどこかで何かにつながることがあるかもしれない。自分の行為が、この子の心に何かを残していくかもしれない。

この子どもではないが、大石は後年、若いころに出会った子どもと大きくなって再会したことがあった。水俣市立病院に入院していたとき、勉強を見てあげていた胎児性水俣病の子どもだった。

ある時、精米所で米の精米をしていると、「大石しゃん」と声をかける青年がいた。

「小学校のとき、病院で勉強を教えてもらったけん」

青年はそういって、「妻です」と同行の女性を紹介してくれた。

胎児性水俣病の症状は残していたが、元気にがんばっている青年の姿に、大石は逆に励まされた感じがした。10年以上もたっているのに、自分を覚えていてくれたことに感激した。出会いは、人生の宝だと大石は思った。

その心情は、不知火患者会の活動をするようになってからも、変わらず持ち続けた。

1982(昭和57)年から大石は、水俣市内にある青果市場で働くようになった。これもまた、人との出会いとつながりで手に入れた仕事だった。

朝5時に起きて県境の農業地帯まで出向き、生産者から野菜を預かってくる。市場に戻って品物を並べ、名札をつけて8時のセリの開始を待つ。

セリの技術は素人に近かったが、大石は何度か仲買人と対した。

あまりに安く仲買人が値をつけてくるときは、こう主張して仲買人とやりあった。

「あんたたち、生産者がどんな思いをして野菜をつくっとるかわからんとね。これだけのものをつくるのに、みんなどんなに苦労しているかわかってくれよ」

依頼された品を、一番高く値をつけた仲買人に売るのがセリ人の仕事だ。こんな言葉は、余計なことだったかもしれない。

それでも大石には、畑で一生懸命野菜を育てている生産者の気持ちを思うと、そう言わざるを得ないのだった。周囲からは、変わったセリ人だと思われていたかもしれない。

かつてチッソ開発を辞めたときにも、大石らしいエピソードがあった。

当時、大石は3交代勤務で合成樹脂の射出成形の仕事をしていた。1チーム4人で、大石はその班長になった。

仕事は夜通しあるのだが、ほかのチームは深夜になると機械を止めて仮眠をとっていた。だが大石は、機械を止めたくはなかった。一度止めれば、そのあとでできる製品は曲がっていたり変形してしまっていたりする。そんな製品をつくるぐらいなら、休まず仕事を続けたほうがよいと思ったのだ。

「大石君。君のチームは、なんで休憩ばとらんと?」

あるとき上司に問いただされ、大石は持論を展開した。だが、上司は大石の言い分を受け入れず、機械を止めて休憩をとるように命じた。

「この職場では、自分の納得できる仕事ができない……」

そう感じた大石は、その日のうちにチッソ開発を辞めてしまったのだった。

青果市場では、5年ほど働いた。その後、大石は土木作業の会社に入って、10年ほど勤務する。この会社では、山野をまわって下水道工事や道路建設などの仕事をこなした。

自分が幼いころ貝や魚をとり、毎日の遊び場にもなっていた水俣湾の埋め立ての工事にも携わった。水銀に汚染されたヘドロの堆積が明らかになり、コンクリートで閉鎖して陸地にしてしまう計画が進行していたころだった。

この土木建設会社に入社したとき、大石はちょうど50歳になっていた。まだ「老いる」年齢ではないが、水俣病はしだいに大石の身体を蝕《むしば》み、体力を奪っていたのかもしれない。

山のなかで、地すべり防止の杭《くい》打ちの作業についていたときのことだった。30メートル近くもの長さがある杭を、25本ほど山の斜面に打ちこんでいくのだ。

ここでは、現場監督のような役割を任されていた。このころになると大石は、作業中に長い時間立っているのが苦痛に感じられるようになってきていた。ほかの労働者が作業をしているときに、しゃがんでないといられないほどになっていた。

なぜそんなに体がだるくなるのか、大石自身にも原因はわからなかった。現場監督なのだから、作業を他の労働者にまかせて、座って見ているだけでも問題はなかったかもしれない。それでも大石は、他の人が作業をしているのに、一人だけ座っている自分が許せなかった。

この仕事の途中で、大石は土木建設の会社を辞めた。2001（平成13）年のことだった。その後、大石は定職にはつかず、父親が残した家の畑を耕して、野菜類を栽培することに専念した。

60歳を過ぎてはいたが、これで仕事をすべて辞めるつもりではなかった。いつでも何かの仕事に復帰できるよう、体だけは鍛えていた。毎日のように市民プールに通って、2時間の水中歩行訓練を繰り返していた。

足腰が急激に弱くなり、普通に歩くことさえ苦労するようになっていた。なんとか、人並みの体に戻りたいと願い、一人で黙々と訓練を続けた。

だが、そんな生活を送っていた2004（平成16）年、大石のその後の生き方を大きく変える、水俣病関西訴訟最高裁判決が出されたのだった。

このとき大石は、64歳になっていた。体の深部を蝕むような水俣病の症状を抱え、老化による衰えも加わってきていた。この体調と年齢で、不知火患者会の会長になり、ノーモア・ミナマタ訴訟の原告団長となってがんばった1年間は、大石の体にとっては過酷なものだったはずだ。

提訴して3か月後の2006（平成18）年1月、大石は脳梗塞《こうそく》で「再起不能」になってしまうかと思われるような状態におちいった。

大石が何より衝撃を受けたのは、「言葉」がまったくわからなくなっていることだった。パソコンのキーボードに向かっても、どれが何という字なのか、まったく判断できなくなっていたのだ。

1か月後には、水俣病公式確認50年フォーラムがある。そこで発言する原稿を早くまとめるよう、弁護士に催促されていた。

このような状態になっても大石は、不知火患者会の会長として、ノーモア・ミナマタ訴訟原告団長としての仕事ばかりが、頭のなかから離れないのだった。

青いタスキをかけて

何とか早く、原稿が書ける体に戻らなければならない。大石は幼い子どもが言葉を覚えるためにつくられた、絵つきの50音ひらがなのカードや、ローマ字の表を買い集めた。カードを「あ……い……う……え……お」と、50音順に並べていった。ローマ字なら「あ」は「A」、「か」なら「KA」と並べていく。そうやって、一つずつ字を思い出していく努力をした。

2月8日に水俣市立病院を退院してからは、妻の澄子に寄り添ってもらい、毎日、何十分もかけて患者会の事務所まで歩いて行った。

患者会の事務所で大石は、カルテの整理や、郵便物の宛名書きの仕事などを手伝わせてもらった。カルテの名前を一人ひとり確認したり、封書の宛名を書くことで、少しずつ文字の記憶を取り戻していったのだ。

こうやって努力した結果、大石はわずか1か月ほどで社会復帰できるまでに言語能力を回復した。

そして、3月29日に大石は事務局長の瀧本などとともに、環境副大臣との懇談に参加している。

この間の出来事を、大石はこう心に刻んでいる。

「不知火患者会があったから、自分はがんばってここまで回復することができた。患者会は、私の命を救ってくれたのだ」

このころの大石の日記に、次のような一文が書かれている。

生きるための努力を、残された時間がんばって、悔いのない余生を、見えない目と温かい人情に支えられながら、前向きに進んで生きる日の記念日にして、再起動します。

大石は再び、活動を開始した。

4月30日には、水俣病慰霊碑入魂式に参列した。5月1日は、水俣病50周年式典に参列した。6月4日には東京まで出向き、公害総行動に参加した。そして6日には、環境大臣交渉に臨んだ。

不知火患者会は毎年、会の総会にあたる「決起集会」を開いてきた。裁判を提訴した後の2005（平成17）年10月30日には、水俣市文化会館で患者会や原告団員、家族や支援者を含めて約1000人が参加する集会がもたれた。

大石が病気から復活したこの2006（平成18）年6月11日には、1200名が参加するシンポジウムが開催された。

会員や家族が集まるこのような集会のとき、大石は必ず、開会より早い時間から会場にきて入り口に立った。入場してくる会員を出迎えて、一人ひとりと握手をかわした。そして、「来てくれてありがとう」「お疲れさま」と声をかけた。集会が終了した後も出口に立ち、「気をつけて」「がんばりましょう」と声をかけた。

1000人もの参加者全員と握手をするのは、健康な人間にとっても大変なことだ。だが、脳梗塞から回復したばかりのこの年のシンポジウムでも、大石はやはり会場入り口に立ち、参加する会員たちを笑顔で出迎え、見送った。

なぜそこまでしたのか。その問いを投げかけると、大石はこう答えた。たたかいはいつも厳しく、道のりは長い。天草など遠方に住んでいる会員にとっては自分たち以上に、救済が手の届かない、遠くにあるものに思えるだろう。それでも、集会にやってきた会員すべてが、「一緒にがんばろう」と思えるよう、少しでも仲間を元気づけられたらいいと思った。そう思って、みんなに声をかけてきたのだと。

集会会場の入り口に立つとき。公害総行動などの壇上にあがるとき。そして、裁判や行政との交渉に臨むとき。大石はいつも必ず、前面に「ノーモア・ミナマタ」、後ろには「水俣病不知火患者会」と白字で書かれた青いタスキをかけていた。どこへ行くときも、何をするときも青いタスキをかけている。それが、大石のトレードマークのようになっていった。

青いタスキは、「すべての水俣病患者の救済」を被害者みんなでともに勝ち取ろうと願う、大石の強い気持ちがあらわれたものだった。

ある日、大石が東京へ出向いていたときのこと。3日かけて東京の労働組合をまわり、支援を訴えて歩いた。このときもやはり、いつものように青いタスキをかけ続けていた。

2日目の朝、投宿している新宿のホテルを出て、通勤中のサラリーマンでごった返す街《まち》を歩いていた。そのとき、大石の横を自転車で通り過ぎていった一人の男性が、ユーターンして戻ってきて大石に話しかけた。

「すみません、水俣病の関係の方ですか。私はこの近くの小学校で、教師をしている者です。いま、5年生が社会科で、公害について勉強しています。もしよろしかったら学校にきて、子どもたちに水俣病について話していただけませんか」

突然の依頼だったが、水俣病の現実を広く知ってもらうには願ってもないことだ。しかも、未来を担っていく小学生たちが真実を知ってくれるのなら、いずれは、公害をなくすために力を出す人間に育ってくれるかもしれない。

大石はすぐに承諾し、用事をすませてから、若い教師に教えられた新宿区内の小学校に向かった。

学校に着くと、驚いたことに、声をかけた教師だけでなく、学校長や教頭まで大勢の教職員が大石を歓迎してくれた。

「わざわざおいでいただいて、ありがとうございます。どんなお話でも結構ですので、子どもたちに本当のことを教えてあげてください」

校長は笑顔でそう言って、自由に話す時間を大石に与えてくれた。

さまざまな場所で、いろいろな人たちを相手に話をしてきた大石にとっても、小学校5年生は、これまでで一番若い聴衆だった。

何をどう話せば、この子たちに伝わるだろうか。大石はちょっと迷ったが、やはりいつもと同じように話そうと考えた。

以前、東京の支援者たちを前に話をしたとき、大島文雄から叱咤《しった》されたように、自分でなければ話せない患者としての痛みが伝わる話をしようと考えた。

「みなさん、こんにちは。私は、水俣病であることを認めて救済するように、国を相手に裁判しています」

そういう言葉で話し始めた大石は、自分が水俣でどのように暮らしてきたか、なぜ水俣病にかかったのか。どういう症状に苦しんでいるのか。同じような症状の人たちが、いまもどれぐらいたくさんいるのか。国はそのような水俣病患者に対して、どういう態度をとってきたか。なぜいまになってまた、裁判をしなければいけないのかを、わかりやすく語っていった。

そして大石は、学校に着いたとき胸につけてもらった名札を外した。名札には、安全ピンがついていた。大石はそのピンの針先を、自分の左腕に突き刺してみせた。

「私は、これでも痛みを感じないんです。熱さも感じないんです。食べたものの味も、わからないんです」

左腕に突き刺さったピンに衝撃を受け、子どもたちは顔をしかめて大石を見つめていた。

しばらくして、何人かの子どもが声をあげた。

「大石先生、そのピンはもう抜いてください」

目の前でピンを腕に刺す大石。それでも痛みを感じないのだと、笑顔で語る大石。子どもたちにとっては、ショックが大きすぎる演出だったかもしれない。

けれども、外見だけではほとんどわからない水俣病患者の苦しみを、子どもたちは肌で感じとってくれただろう。

話が終わったあと、17人の子どもたちと大石が教室のなかで笑顔で座る写真が残されている。後日、大石のもとには、子どもたちの感想文が送られてきた。何人かの子どもたちは、こんな言葉を書き残してくれていた。

「大石さんはいたみを感じないし、おいしいという味も感じないし、あつさがわからないので、つらいと思いました。でも、そういう人がたくさんいるのは、もっとつらいと思いました。国が早く水俣病のことを知って、水俣病の人が助かるようにしてほしいです」

「水俣病のことがもっと知りたいと思いました。大人になったら水俣病のかんじゃさんたちを、少しでも助けられたらいいなと思いました。水俣病がなおる薬が開発されることをねがいます」

「水俣病なのにみとめられていない人がいると習って、とてもかわいそうだと思いました。早く政府にもみとめられて、多くの水俣病の人をすくってあげてください。ぼくたちも大人になったら、みんなのことを考えて仕事をしたいです」

大石の願いは、間違っていなかった。子どもたちは水俣病の事実をしっかりと心に刻み、未来を変えていく大人になっていってくれることだろう。

いつも青いタスキを、肩からかけていること。水俣病救済を求めて、先頭に立ってたたかっていると明らかにしていること。そういう姿勢が多くの人に伝わり、理解してくれる人、支援してくれる人を少しずつ増やし、水俣病患者の救済に一歩ずつ近づけてくれることを、あらためて認識させられた出来事だった。

一時は再起不能かと自分でも考えた病気から復帰した大石は、以前と変わらず、不知火患者会会長として、ノーモア・ミナマタ訴訟原告団長として精力的に行動していった。

2007(平成19)年に入ると、2月2日に熊本市の繁華街で署名集めにみんなとともに立ち、400筆の署名を集めた。同じ2月のうちに、出水《いずみ》や獅子島《ししじま》の地区集会に出向いた。3月に入ると、15日から東京大気汚染公害訴訟の支援行動のために上京。4月2日からは再び東京へ行き、チッソ本社抗議行動、環境省抗議行動へ、10人の患者仲間とともに乗り込んでいる。

裁判のたたかいは、法廷だけではない。どれだけ広く精力的に行動し、どれだけ多くの支援を力にできるかが、大きなカギになる。訴訟を起こしたときに教えられた教訓を、大石は身をもって実践していったのだった。

これらの行動の間にも大石は、体調が悪くなることがしばしばあった。何度か、水俣市立医療センターへの再入院もしている。

この年も5月1日には、恒例の水俣病犠牲者慰霊式がおこなわれた。式典の終了後には、出水市において環境大臣との折衝の場が設けられた。大石はここにも足を運んだ。

ところが、いくつかの患者団体がそれぞれ環境大臣に向けて話をするため、1団体が話す時間はわずか3分間と一方的に制限された。以前と変わらず、水俣病患者の本当の声に耳を傾けようとしない国の姿勢だった。大石はあらためて、行政の心ないやり方に落胆させられた。

その環境大臣との折衝があった出水の会場を出ようとしているとき、大石に近づいてくる一人の女性がいた。

「慰霊式の会場では、顔色がすぐれないように見えましたよ。お体のかげんはいかがですか。無理をしないようにしてくださいね」

大石を気遣って声をかけてきたのは、熊本県知事の潮谷義子《しおたによしこ》だった。

水俣病関西訴訟最高裁判決が出された2004（平成16）年10月15日からわずか1か月後の11月18日、潮谷知事県政の熊本県は、水俣病患者救済のための独自案を打ち出していた。

熊本県の救済案は、「不知火海沿岸26市町村に居住歴のある約47万人を対象とした健康調査」「不知火海全域の水質、底質、魚類についてメチル水銀、総水銀などの環境調査」、そして、「2万6000人分を上乗せした新たな療養費支給案」など、水俣病の解明、被害者の救済に徹底的な対策を講じるというものだった。

これに対して小池百合子環境大臣は、水俣病の認定申請については「これまで通りやっていくことに変わりはない」と表明した。環境省からはかたくなに拒否され、熊本県の提言した救済は実現できていなかった。

それでも潮谷知事は、ノーモア・ミナマタ訴訟をたたかっている大石たち水俣病患者を、温かく見守ってくれているのだと大石は感じた。

自分たちは、公害である水俣病患者の徹底した救済という、あたりまえのことを願っているだけだ。その主張を常に掲げて行動していけば、理解し、支援し、力となってくれる人は必ずいる。あらためて、そう諭されているような感じがした。

心のなかに温かなものを感じて、大石はまた新たな行動に向かっていった。

3　なぜもっと早く水俣病と

痛みも熱さも感じない体

チッソ開発に勤務中にトラックを運転していたとき、田んぼに転落する交通事故を起こした。足の甲を突き抜けてガラスが刺さっていても、痛みを感じなかった。そのとき大石は、「傷が大きすぎて痛みを感じなかったのだろう」と考えた。

けれども、痛みを感じない不自然さは、それ以外にも頻繁にあった。足や手に傷がついても、何かに触れた程度のかすかな感覚しかなかった。あとになって、風呂に入るときなどに衣服に血がついていて、けがをしていたのだと気づくのがほとんどだった。ひざの関節が悪くなって、歩くのが苦痛になったことがあった。鍼灸師《しんきゅうし》にみてもらい、灸を打つことにした。仕事が忙しく鍼灸所に行く時間がないので、自分で打つ方法を教えてもらった。両脚の10か所ぐらいに印をつけて、もぐさを置く部位を指定してもらった。

ところが、家で灸を据えてもまったく熱さを感じない。「これでは効き目がない」と思い、灸をやめてしまったことがあった。

さすがに大石自身も、そんな自分の体にはしだいに違和感を覚えていった。

「俺の体は、いったいどうなっとるんやろ」

夜寝る前に、そんな漠然とした不安感にとらわれることもあった。

45歳ぐらいのとき、布団に横になりながら、大石は試しに自分の腕を傷つけたことがあった。近くにあったハサミをとって、左腕に10センチほどの切り傷をつけてみた。血がにじみ出てきたが、痛みは感じなかった。やがて傷は、痕跡を残して癒えていった。

「やはり、俺は痛みを感じんのや。なら少しぐらいケガをしたって、かまわんのや」

なぜ痛みを感じないのか。本当は、その痛覚の鈍さこそが、水俣病のあらわれだった。だが、大石にはその真実を、知ることができなかった。情報は何もなかった。誰も教えてはくれなかった。

後に、不知火患者会に参加してきた多くの水俣病患者の仲間も、大石と同じような経過をたどっていた。痛みや熱さを感じなくても、「もともと自分はそういう体質なのだろう」と考えてしまう。夜中に足がこむら返りを起こしたり、転びやすくなったりしても、「年だからだろう」と考える。「みんな、自分と同じような症状をもっているのだろう」と考えてしまうのだった。

感覚の鈍化は、年をとるにつれてさらにひどくなっていくように思われた。

水俣病関西訴訟最高裁判決が出される前年の2003（平成15）年の夏、農作業をしているときに人差し指の第二関節を負傷して、病院に行った。医師が「麻酔をしないと治療ができない」というほどの傷だったが、痛みは感じない。痛くないからそのままやってくれと、麻酔なしで3針縫合してもらった。やはり、痛みはまったく感じなかった。

若いころは手先や足先の感覚が鈍いと感じていたが、感覚のマヒはしだいに全身のあらゆる部位に広がっていった。

心臓ステントの注入手術で入院した、2006（平成18）年7月。ベッドで横になっているとき、排尿のために尿管カテーテルから採尿してもらった。だが、カテーテルが自分の尿道に入っているのか、排尿がいつ終わったのかもわからなかった。

ふだんのときも、排尿が終わった感覚がないので、明るい場所なら目で見て確認し、見えなければ音で判断している。

福岡県で暮らす息子夫婦が、まだ乳飲み子だった孫を連れて帰郷したことがあった。風呂が好きな子だというので、大石が抱っこをして一緒に風呂に入った。その途端に、孫は激しく泣き出してしまった。

驚いて、妻の澄子が飛んできた。湯船に手を入れてあわてて引っこめ、大声で大石に向かって言った。

「こんな熱湯に赤ん坊を入れて。この子を茹《ゆ》でるつもりなの」

さらに年月が経って、孫が中学生になったころのこと。大石が風呂場で洗面器に湯をためて顔を洗っていると、孫がきて洗面器に指を入れた。孫は小指の先をほんの少し湯に入れただけで、驚いたような顔をして手を引っこめてしまった。

「俺は痛さだけでなく、熱さも感じないのやろうか」

いったい、どれぐらいの温度ならば、自分は熱いと感じるのか。あるとき、大石はシャワーの温度を50度に設定して膝からかけてみた。そのままにしていると、足首から先が真っ赤になっていった。それでも、熱いとは、感じられなかった。

痛さや熱さを感じないことは気持ちの良いものではなかったが、日常生活でいつも不便さを感じるというほどではなかった。

「自分はなぜこんな体なのか。こんな体になってしまったのか」

何よりも痛切にそう感じさせられるのは、味がわからなくなっていったことだった。味だけでなく、唐辛子やワサビなど辛いものを口に入れても、辛さを感じない。かろうじて、ワサビなど鼻にツーンと抜ける香りのあるものは、ワサビだと判断できるぐらいだった。

大石は自宅の畑で、唐辛子も栽培していた。自分でつくっている唐辛子がどれぐらいの辛さなのか知りたくて、1つもぎとって丸ごとかじってみた。辛さはよくわからなかった。

その唐辛子を家に持ち帰り、ゆずコショウをつくるために妻の澄子に味見してもらった。すると、ほんの少しを口に入れただけで、澄子は「あんた、私を殺す気？」と怒った。

それほどの辛みがある唐辛子を1本かじっても、大石には辛いと感じられなかったのだ。料理の味もわからない。何を食べても、「美味しい」と思うことがない。食事は空腹を満たすだけのもので、食べる喜びも、楽しみもない。毎日3度の食事が、大石には苦痛に感じられることさえあるのだ。

他の人から見れば、何の不自由もなく健全な体をしているように見える大石。しかし実際には、感覚障害だけでなく、手足のカラス曲がり（こむら返り）や頭痛、全身の凝りに24時間悩まされ続けているのだ。それが、ほとんどの水俣病患者に共通する悩みなのだ。

その苦しさを、大石は詩のような文章にこう書き記したことがある。

私に
人並みの　痛みを感じる体をください
人並みの　味のわかる体をください
人並みに　熱さの判る体をください
普通の体にして返せ
「わが身をつねって　人の痛さを知れ」
このことわざが　心から言える身体が欲しい

２００７（平成19）年7月19日、大石は千羽鶴を折り始めた。

集会や行動には変わらず頻繁に出かけていたが、家にいるときはとくにやることもない。ふと思いついて、紙で鶴を折りだしたのだ。

「すべての水俣病患者の救済と補償を」

「司法による救済制度の確立を祈願する」

そういう思いを込めて、大石は鶴を折っていった。

最初のころこそ折り紙や千代紙で折っていた鶴は、じきに「紙不足」の状態におちいった。新聞広告でもチラシでも包装紙でも、手に入る紙すべてが材料になっていった。

1か月ほど後の8月25日、26日。水俣病のたたかいのなかで恒例になっている、水俣現地調査が取り組まれた。

この年の現地調査は天草が中心となり、不知火海上で9隻の漁船をつないで「ノーモア・ミナマタ」の大きな幕を掲げ、海上をパレードする大規模な行動となった。取材のヘリが5機やってきて、上空をいつまでも旋回していた。

このときの現地調査から、まだ折り始めたばかりの大石の千羽鶴が、参加者の目に留まるようになっていく。

2日後の8月28日、第9陣１１０人が追加提訴したノーモア・ミナマタ訴訟は、原告数１３７９名の大規模訴訟にふくらんでいた。

翌2008（平成20）年7月7日、先進8か国の首脳が北海道に集まり、地球温暖化問題をテーマにした「洞爺湖《とうやこ》サミット」が開催されることになった。

現実には、国は温暖化の最も大きな原因となっている企業活動を規制することなく、国民の努力ばかりを強調する姿勢をとっていた。こうしたやり方には、50年が過ぎても解決されない水俣病問題と共通するものがあった。

「公害の原点である水俣病を解決しない限り、環境問題の解決もない」

水俣病患者や原告、弁護団、支援者たちはこの洞爺湖サミットに合わせて、ストップ温暖化と水俣病全面解決を結んで、全国の国民に理解と協力を呼びかける行動を計画した。

それが、水俣を出発して北海道までを宣伝カーで走る、「日本列島縦断キャラバン」だった。ノーモア・ミナマタ訴訟弁護団の小林法子《こばやしのりこ》弁護士は、このときの様子を『ノーモア・ミナマタ訴訟　たたかいの軌跡』（2012年、日本評論社）に、次のように記している。


「キャラバン隊は、2008（平成20）年5月16日、第13回口頭弁論期日に合わせて、不知火患者会事務所を出発。弁論期日に参加した後、熊本地方裁判所前で出発式を行い、多くの人に見守られる中、旅立った。

このとき一緒に旅立った2500羽の千羽鶴は、原告団長の大石利生さんがキャラバンの成功を祈念して折ったものである。被害者1人ひとりが違うように、チラシや包装紙で折ら

日本列島縦断キャラバン出発式（2008年５月16日、熊本地裁前）。
マイクを握りスピーチする大石会長

れたこの千羽鶴は、同じものは1つとしてない。……

こうして出発したキャラバン隊は、前半戦で、熊本、福岡、広島、岡山、兵庫、大阪、京都、愛知、神奈川、東京を回った。……

キャラバン後半戦は、……埼玉、千葉、茨城、栃木、群馬、新潟、福島、山形、宮城、岩手、青森を回り、洞爺湖サミットの行われる北海道を目指した。……

北海道では、道庁で記者会見を行った。ここで、キャラバン開始後、大石会長らが、参加者の無事を祈り、また支援者への感謝の気持ちを込めて折った500羽の鶴が、最初に旅立った2500羽に合流して、3000羽の千羽鶴となった。当時約1500名であったノーモア・ミナマタ訴訟の原告団が、最終的に約3000人となることを予測していたかのようである。北海道ではその後、G8サミット対抗学習交流会（公害・地球懇、全労連、公害弁連、日本科学者会議主催）、食糧主権国際リレートーク、ピースウォーク、国際平和フォーラムに参加して、無事に行程を終えた」

このとき大石は、千羽鶴を携えて、7月2日に水俣を出発。空路から北海道でキャラバン隊に合流し、北海道庁への申し入れや札幌大通りでの宣伝行動、労働者や市民との交流に参加した。行動のなかで千羽鶴が象徴的な役割を果たしたことは、大石自身にとってもうれしいことだった。

きわめて大がかりで、人的にも金銭的にも負担の大きな行動だった。だが、日本列島縦断キャラバンが「水俣病問題」の現実をあらためて日本中に伝えた成果については、小林弁護士が同じ文章中でこうまとめている。

「各地で活動をすると、ほとんどすべての地域で『水俣病はすでに終わった』という意識が強く、ノーモア・ミナマタ訴訟の存在はもちろん、今でも多くの水俣病患者が救済されずに苦しんでいるという現状が伝わっていないことが分かった。

それだけに、記者会見では、水俣病の歴史や国・県・チッソの態度、現在の行政認定制度や与党PT案の問題点、ノーモア・ミナマタ訴訟の意義、現在の水俣病被害者の置かれている状況等を話すと、多くの記者が驚き、また原告の被害の訴えに熱心にメモを取っていた。

多くの人が被害の訴えに耳を傾けてくれたことは、街頭宣伝行動でも同様であった。原告が被害の訴えをする傍らでチラシ配りをすると、多くの人がチラシを受け取ってくれたし、話し終わった原告らに自ら『署名用紙はないのですか』と申し出てくれる人、『ご苦労様、頑張って下さい』『大変ですね』とねぎらいの言葉を掛けてくれる人、差し入れをしてくれる人などが何人もいた。

このような多くの人の声に支えられて、原告をはじめキャラバン隊は、このキャラバンを乗り切ることができたと思う。……」

与党PT案のごまかし

2007（平成19）年11月4日、不知火患者会は水俣市立体育館において、臨時の総会を開いた。約1200名にのぼる会員が集まったこの集会で確認されたのは、「与党PT案の受け入れ拒否」「司法救済を求める方針」だった。

その約半年前の3月。自民党と公明党の政府与党プロジェクトチーム（与党PT）は、「6月中に未認定患者の新たな救済策をまとめる」という方針を確認していた。

この時点で、水俣病関西訴訟最高裁判決以降の熊本県の認定申請者数は、3255人に達していた。政府としても、何らかの新たな救済策を示さなければ、世論が収まらない状況に迫られていた。

与党PTの意向を受けた環境省は、認定申請者や保健手帳交付者を対象にアンケート調査を実施した。

アンケートの内容は、現在の症状、日常生活への支障など14問。症状では、しびれや震え、視野の異常、水俣病に見られる症状の頻度や発症時期などを細かく記入させるものだった。さらに、水俣病認定やこれまでの救済策への申請の有無、1968（昭和43）年以前に同居していた家族の救済状況なども含まれていた。

環境省はこのアンケート回答者のなかから、一定の対象者を選出。環境省が指定した医師が面談する、サンプル調査もおこなった。実はこの調査は、アンケート回答者に対して5000円の謝礼を渡すという、常識では考えられないやり方のものだった。

不知火患者会は環境省の動きを察知し、4月1日に出水で1000人規模の集会を開催。環境省アンケート調査を「被害者を金で釣る行為」と批判し、協力を拒否する集会宣言を採択した。

しかし、与党PTは7月3日、「水俣病に係る新たな救済策について（中間とりまとめ）」を発表。3か月後の10月には、その内容を具体的にした「新救済策」を打ち出したのだった。新たな救済策は、「一時金150万円、医療費自己負担分支給、療養手当月1万円」という内容のものだった。

この与党PT案が公表されたとき、水俣病患者のなかに「150万円もらえるなら」という幻想が広がった。不知火患者会のなかにもノーモア・ミナマタ訴訟の原告団のなかにも、新救済策に揺れ動く人が出て、たたかいが切り崩される恐れが生じていた。

これに対して、ノーモア・ミナマタ訴訟弁護団はただちに行動を開始した。まず与党PT案を分析し、実質的には患者の「大量切り捨て」でしかないことを明らかにした。

実は、この与党PT案が発表されたとき、自民党衆議院議員の園田博之座長が次のような発言をマスコミに対してしていた。

「新救済策の申請者数を2万人、救済費用を200億円と見込んでいる」(「熊本日日新聞」2007〈平成19〉年10月21日付)

もし園田座長の言うように、救済費用が200億円だとすると、そのすべてを1人150万円の一時金にあてたとしても、1万3333人分の一時金になるに過ぎない。これは、「申請者数2万人」という園田発言のなかにあるもう一つの数字と、明らかに矛盾している。

結局、与党PT案は「申請者の4割すら救済される保証のない『大量切り捨て』案」であることが明らかになったのだった。

この弁護団の迅速な分析と行動の結果が、発表からわずか2週間後の11月4日の、与党PT案を拒否する不知火患者会1200人集会につながった。

この年の前半も、大石は引き続き精力的に行動していた。3月15日、16日には東京大気汚染訴訟の集会に参加。3月20日、21日には、やはり東京での公害被害者総行動実行委員会、全国公害弁護団連絡会議総会に参加。4月2日〜4日には、チッソ本社前抗議行動、環境省抗議行動参加と、頻繁に上京、帰郷を繰り返した。

しかも、環境省抗議行動から帰郷した直後の4月5日〜12日には、心臓カテーテル検査、治療を受けるため、水俣市立総合医療センターに入院している。

こうしたハードなスケジュールが、5月1日の慰霊式の後、「顔色が悪いように見える」と潮谷知事に声をかけられる要因になったのかもしれない。

けれども、与党PT案を軸に「大量切り捨て」策を強行しようとする国とのせめぎ合いは、さらに厳しさを増していった。

このたたかいのなかで、大石がいつも仲間に向かって口にしていた言葉があった。それは、「一枚岩の団結」という言葉だった。不知火患者会の4役会でも、世話人会でも、総会でも、大石は常にみんなに、「一枚岩になって団結していこう」と呼びかけた。

その言葉を口にする大石には、一つの確信があった。

チッソ退職後にさまざまな仕事を転々とするなかで、土木工事の会社に勤めていたときのことだった。ある日、山間部の工事のために、山奥の険しい斜面を登って頂上の様子を調べる任務に携わった。

山を登って頂上を頭上に見る岩壁の下まできたとき、斜面の下の足元に、岩を細かく砕いたような小さな石がたくさん転がっているのが目に入った。

「なんや。発破（ダイナマイト）でもかけたあとのようだなあ」

大きな岩をダイナマイトで砕けば、そのような小石が散乱することがある。だが、こんなところで、ダイナマイトを仕掛けた話は聞いていない。

斜面をゆっくりと登っていくうちに、大石には理由がわかった。大きな一枚岩でできているその斜面の頂上あたりに、細い亀裂が何筋も入っていた。その亀裂に風雨が浸みこみ、長い時間をかけて強固な岩を切り裂いていった。そこから一枚だった岩が砕けはじめ、徐々に崩れていった小さな岩が、下の方に散乱していたのだ。

どこから見ても頑丈そうな一枚岩であっても、ほんのわずかな隙間があるだけで、そこからほころびが広がっていずれは砕け散ることになる。大石はその光景に、寸分の隙もない本物の「一枚岩」になっていなければ、どれほど強固であってもいつか崩れ落ちる運命にあるのだと悟らされたのだった。

不知火患者会の活動をしてくるなかで、その一枚岩の記憶が何度も大石の頭のなかをかすめていった。

大石は不知火患者会の仲間などに、しばしば自分のこの経験を語った。その真意は、「自分たちも本当の一枚岩になって団結しなければ、ほんの小さなほころびから全体が崩されてしまう」という呼びかけだった。

ノーモア・ミナマタ訴訟の原告団長として大石は、全国各地の公害裁判原告団や支援者などの団体に何度も呼ばれて話をさせてもらう機会があった。

あるとき、大阪でたたかわれている泉南アスベスト国賠請求訴訟の原告の集会に呼ばれた。水俣病のたたかいの経験を語ってほしいというので、大石はやはり話のなかで、自分自身が体験した「一枚岩」の教訓が、反公害闘争などのたたかいのなかでも重要なのではないかという思いを語った。

講演が終わったとき、泉南アスベスト国賠請求訴訟弁護団の一人の弁護士が、大石にこう語りかけてくれた。

「一枚岩の団結という言葉は、労働運動などではよく使われますね。ともすると、言葉だけが先行してしまうきらいがあると思っていました。でも、今日聞いた、大石さんの経験から出た、一枚岩が大事だという話は、体験がともなっているだけによく理解できました」


環境省のアンケート調査、サンプル調査を踏まえた与党PTの「中間とりまとめ」では、「四肢末梢優位の感覚障害がある」と判定された患者は、認定申請者のうちのわずか47・1％。保健手帳所持者の40・7％に過ぎなかった。また、「他の疾患や加齢による可能性等により母集団ではこれより低くなると考えられる」という言葉まで記されていた。

「救済対象となる患者はわずか4割にも満たない」のは、しだいに誰の目にも明確なものになった。

また、原告のなかには1995（平成7）年の政治解決のとき、適正な診断を受けられずに切り捨てられた患者や、公的検診で正当な評価を受けられなかった患者もいた。そういった過去の経験からも、「加害者が被害者を判定する」仕組みの不当さを、多くの原告が認識していった。

この年の7月25日には、野党・民主党の水俣病作業チーム座長であった松野信夫参議院議員が、不知火患者会の総会に参加。挨拶のなかで、水俣病被害者救済特別措置法について、与野党協議が必要だとして与党PTに協議を求める考えを示した。

8月3日に民主党は、水俣病関西訴訟最高裁判決を基準にして幅広い被害者の救済を目指し、チッソの負担分も含めて国が全額を支払い、あとでチッソに負担を求めることで早期解決を図るという趣旨の、臨時国会に提出する予定の水俣病被害者救済特別措置法案を明らかにした。

10月3日になると、与党PT座長の園田博之衆議院議員が自民党本部で、ノーモア・ミナマタ訴訟原告団長の大石と弁護団長の園田昭人弁護士に面会した。園田座長は、救済方法を修正するための協議に前向きな姿勢を示す発言をした。

この時期、水俣病認定申請をしながら未処分のまま放置されている被害者数は、熊本、鹿児島、新潟の3県を合わせると、過去最多の6248人にのぼっていた。

各県の認定審査会は、医師の離反などで休止状態が続いていた。政府、与党としても、早急に何らかの対策を実現しなければならない事態に追いこまれていた。

ところが、ここで与党PTの足を引っ張ったのは、加害企業であるチッソだった。

11月13日、熊本県議会水俣病対策特別委員会の委員長や県幹部がチッソと面談し、与党PT案を受け入れるよう要請した。しかし、チッソの後藤舜吉会長は「チッソ分社化」にこだわり、協力する姿勢を見せなかったと報じられている。

こうした事態に直面し、環境省の西尾哲茂事務次官は、「チッソが考え方を変えないと、これからの展望は開けない」と発言。与党PTの園田座長も、「年内の救済策実現は無理」という見解を示した。

不知火患者会が1200名の参加による総会を開き、与党PT案受け入れ拒否を可決した直後の11月19日、チッソは次のように表明した。

「チッソに対する損害賠償請求訴訟を継続する団体がおり、与党PT案は全面解決につながらない」

この時点で、与党PT案は患者にもチッソにも拒否され、完全にとん挫する形になったのだった。

激しさを増すたたかい

与党PT案が出された時点で、ノーモア・ミナマタ訴訟の原告数は、1500名を超えていた。原告の居住地域も、水俣市周辺だけでなく、天草諸島や芦北《あしきた》郡、鹿児島県出水市など、広範囲に及んでいた。

ノーモア・ミナマタ訴訟は、これだけの膨大な人数の原告たちの思いを一つにまとめ、たたかいを進めていく必要があった。原告すべてが「自分がたたかっている裁判」であることを認識し、みんなが力を合わせて行動していくために、すべての原告が集まりやすいよう、各居住地域での少人数単位の集会が頻繁に開かれた。その集会のほとんどに、大石は原告団長として出席してきた。

各地域で開かれた小集会の意義について、ノーモア・ミナマタ訴訟弁護団の橋本和隆弁護士は『ノーモア・ミナマタ訴訟　たたかいの軌跡』にこう記している。

「地域集会で、原告1人ひとりが『自分の裁判』との自覚を持ち、原告団だけではなく弁護団・支援と信頼関係を築き、『すべての水俣病被害者救済』の実現のために裁判所内外でどのような闘いをすべきかについて共通認識を持つことで、強固な団結を図ることができたのである。

また、その当時の情勢によっては、地域集会を市町村単位ではなく、さらに小さな地域に分けて実施したこともある。

より原告1人ひとりの意見を集約したいときには、一通りの説明の後、弁護団が、個別の原告と時間をかけて話をする時間を設けたこともあった。

原告と弁護士の距離を縮めるために、弁護士が原告の自宅に宿泊し、夜遅くまで原告の苦労話に耳を傾けることもあった。

私たちは、『一枚岩の団結』をスローガンの1つに掲げて闘ってきたが、このように、地域集会は、原告相互、そして原告1人ひとりと弁護団1人ひとりの団結を確かなものとする役割を果たしてきた。……」

チッソの拒否で行き詰まったかに見えた与党ＰＴだったが、この年の暮れも押し詰まった12月18日、園田座長はチッソが強く要求している「分社化」法案の検討も視野に入れて、年明けからあらためてチッソとの話し合いに臨む方向性を打ち出した。

チッソを分社化して、被害者への補償の役割を別会社に負わせるという案は、「加害企業の救済策」以外の何ものでもない。不知火患者会もノーモア・ミナマタ訴訟原告団も、一貫してチッソ分社化案には反対してきた。

チッソが分社化されれば、被害者への補償内容が制限されたり、補償の期限が設けられることなどもあるだろう。それでは、不知火患者会が要求してきた、「被害者の徹底した救済」につながらないのは目に見えていた。

だが、ここにきて与党ＰＴは、「チッソ分社化」を盛りこんだ新救済法案で事態を打開しようという方針を強めていった。

この与党側の動きに、チッソは素早く反応した。年が明けた２００９（平成21）年１月７日、会長の後藤舜吉は「未認定患者救済策に前向きに取り組む一つの条件が整った」と述べて、救済策受け入れに向けた協議に応じる考えを示した。

国、チッソの考える「救済策」と、患者、原告側の要求する真の意味での救済が、ますます明確に対立していくことになった。

１月11日、ノーモア・ミナマタ訴訟全国連の寺内大介事務局長は、「チッソとの取り引きを許さない」と、分社化反対のキャンペーンを展開していくことを表明した。

18日には、不知火患者会が、水俣市文化会館であらためて総決起集会をおこなった。ノーモア・ミナマタ訴訟弁護団の園田昭人弁護団長はこの集会で、「PT案では被害者3人に2人が切り捨てられる。全面解決にはほど遠く、とうてい受け入れられない」と指摘。与党PTの新救済策を拒否し、裁判闘争を継続する宣言が採択された。

この集会にも、約1000名の会員が参集していた。

不知火患者会の意思は明確だったが、他の患者会のなかには、与党PTが出した解決策に期待するところも少なくなかった。すべての患者、被害者の団体で見れば、むしろ与党PT案で早期解決を望む声の方が多数を占めているというのが現実だった。

そのような勢力にも対抗し、本当の患者救済を実現していくためには、現在進行している裁判の原告数を、さらに拡大していくことが重要だと考えられた。

この当時、不知火患者会の会員数は2000名ほどだった。だが、ノーモア・ミナマタ訴訟に原告として加わっているのは、そのうちの1500名でしかなかった。原告数を増やしていく余地は、自分たち身内のなかにもあったのだ。

1月18日の総決起集会で確認されたこの取り組みは、寺内弁護団事務局長のアイデアで「ジョイント2009」と名づけられた。地図を頼りに、未提訴の会員を一人ひとり戸別訪問していくのを柱にした作戦だった。

患者会の事務局と世話人、それに弁護士がチームを組んで取り組んでいったこの行動の成果を、弁護団の阿部広美弁護士はこう書きつづっている。

「……2009(平成21)年1月31日を皮切りに、地道な戸別訪問が繰り返され、私たちは確かな手応えを実感するようになった。

同時に、原告による地域でのチラシの配布も、少しずつ成果を上げるようになっていった。

不知火患者会の大石利生会長は、毎日のように戸別訪問の出発時に立ち会い、チラシに自らの携帯電話番号を記載するなどして先頭に立ってジョイントに取り組んだ。

そのうち、大石会長の携帯電話がひっきりなしに鳴るようになり、私たち弁護団も、戸別訪問の合間を縫って会員ではない方の自宅に行き、裁判の説明を行った。……」(『ノーモア・ミナマタ訴訟　たたかいの軌跡』より)

患者会、事務局、弁護団、さらには医療関係者などの地道な努力の結果、原告数はしだいに増加していった。2009(平成21)年3月3日には、第13陣として108名が追加提訴し、ノーモア・ミナマタ訴訟の原告数は1650名にまで増加したのだった。

この第13陣の追加提訴から約1か月半後の4月25日。大石の日記に、次のような短い一文が書きこまれている。

天草　樋島《ひのしま》　下桶川《しもおけがわ》地区　集会　裁判希望　保健手帳から　診察希望　120名

ジョイント2009のなかで、天草市御所浦《ごしょうら》町での行動に参加していた天草ふれあいクリニックの原田敏郎事務長が、上天草市龍《りゅう》ヶ《が》岳《たけ》町に新保健手帳を持っている人たちがたくさんいるという情報を弁護団、原告団に伝えていた。

国は新保健手帳を創設するとき、「裁判などをしない」という誓約と引き換えに手帳を交付するという条件をつけた。新保健手帳所持者が裁判に加わるためには、手帳を返上しなければならない。認定申請をすれば治研手帳が交付されるが、交付までには基本的に1年間の時間ががかかり、その間は手帳なしで医療を受けなければならない。

しかし、この新保健手帳交付に「裁判や認定申請をおこなわない」という条件を国がつけたのはまさに、被害者の真の賠償請求を封じ込めようという狙いがあったからに他ならない。補償内容も医療費関連だけで、本当に水俣病で長年苦しんできた被害者の苦しみを理解したうえでの補償とはとうていいえないものだった。

ジョイント2009で各地域の住民と原告団や弁護団、支援者の話し合いが進んでいくと、医療費を1年間負担してでも、手帳を返上して裁判に加わりたいという意思を示す住民がしだいに増えていった。

国によって「指定地域外」とされた地域の多い天草には、これまで不知火患者会の働きかけもあまりおこなわれてこなかった。

だが、その天草に新保健手帳の所持者が多くいるのならば、何としてもその地域にも出向かなければならない。ジョイント2009の活動は、これまで足を踏み入れていなかった天草市、上天草市にまで範囲を広げておこなわれていった。

その最初の行動で訪れたのが、上天草市龍ヶ岳町の樋島だった。この樋島も、国によって「指定地域外」、すなわち、「被害者はいないので補償は行わない」とされた地域だった。

樋島には、まず4月1日に患者会事務局や弁護団が説明会に入り、4月25日に本格的な集会がおこなわれた。

そのときの状況を、阿部弁護士が前出書にこう記述している。


「2009（平成21）年4月25日、私たちは再度樋島の下桶川地区で集会を行った。今度はいよいよ不知火患者会の大石利生会長が集会に参加した。

その集会の様子は今でも忘れることが出来ないくらい印象深いものだった。この小さな漁村にこれだけの人がいるのかと思うほど多くの方々が集まってくれたのだ。

同行した中村輝久弁護士が与党PTや民主党の解決策など、水俣病問題を巡る情勢を丁寧に説明し、私（阿部）は裁判の状況を説明した。

大石会長は、新保健手帳所持者に配慮し、無理に裁判に誘うことは出来ないと話したが、裁判に確信を持っているその態度は、樋島の方々の大きな共感を得ることが出来た。

その日、集会に参加した人は105名。そのうち提訴の申し込みをした人は82名、検診の受診希望者はなんと122名に上った。

集会参加者より検診希望者が多いのは、集会が終わった後、自宅などに戻って家族や知人などを連れて検診の申し込みに来た人がいたからだ。それだけ大きなうねりが、小さな漁村に巻き起こったのだ。……」


活動範囲を大きく広げて展開されていったジョイント2009の大運動は、天草地区からの大量提訴者を生み出しただけではなかった。熊本や鹿児島だけでなく、東京、大阪での、地裁への新たな提訴にもつながっていった。そして、全国すべての原告数をあわせると、3000名という大原告団が結成されることになったのだった。

ジョイント2009の取り組みは、患者会のメンバーにも原告たちにも、この取り組みの先にこそ、「すべての水俣病被害者の救済」があることを確信させてくれた。

与党PTが出した新救済案は、チッソの動向に配慮して「チッソ分社化」の提案が含まれていた。ノーモア・ミナマタ訴訟の原告団が絶対に容認できないとしてきたこの分社化については、野党の民主党も否定的な態度をとっていた。

当時、参議院では民主党を中心とする野党勢力が過半数を占めていた。分社化を含んだ与党PTの新救済案は、そのまま国会に提出されれば参議院では可決される可能性の低い法案になるはずだった。

ところが、2009年6月23日、事態は急変した。

この日、東京から熊本へ戻ったばかりの大石は、切迫した様子を日記に残している。

23日（火）　東京　大石面会　記者会見　熊本へ帰ったが、空港にて記者より緊急事態連絡あり

24日（水）　水俣発5：00　東京　民主党松野議員　共産党仁比議員面会　13：00～　院内記者会見

共産党を除く与野党の国会対策委員長は6月23日、与野党の作業チームによる協議を打ち切り、自民・民主の政調会長・国会対策委員長による幹部協議によって、7月12日に予定されている東京都議会議員選挙までに水俣病患者新救済法案の成立を目指す方針で合意したのだった。チッソ分社化に否定的だった、民主党はどうなってしまったのか。実はこの直前、民主党中枢部は方針を急転換。与党PTの法案に批判的だった松野信夫座長の水俣病ワーキングチームメンバーを与野党協議からはずし、協議を政調会長・国対委員長の枠組みに格上げして法案成

立に持ち込もうとしたのだ。

与党PTによる新救済策、すなわち「水俣病特別措置法」は、なんとしても成立を阻止しなければならない。不知火患者会もノーモア・ミナマタ訴訟原告団も、この日からただちに大規模な抗議行動に入った。

あわただしく上京していた大石は、そのまま、仲間や弁護団、支援者たちとともに、衆議院議員会館前での座り込みに入った。

この時点での法案採決までの時間は、わずか2週間あまりと限られていたのだった。

4　「あたう限りの救済」とは何か

特措法阻止をめぐる攻防

不知火患者会の活動を始めて以来、大石の心のなかには、絶対に揺るがない一つの強い思いがあった。

「政府の新救済策がたとえ何万人の患者を救うことになろうとも、すべての患者が救済されなければならないのだ。救済からもれる患者が出てしまう制度は、絶対に受け入れることはできないのだ」

２００９（平成21）年6月24日、不知火患者会とノーモア・ミナマタ訴訟弁護団は、特措法の国会成立に向けて合意した与野党に対して、自民党、公明党、民主党、国民新党の各党に抗議文書を提出。合意撤回を求めた。

抗議文書は、「合意は与党救済法案を成立させ、患者ではなく原因企業チッソを救済するだけである」と指摘していた。

各党に文書を渡した後、大石は園田昭人弁護団長とともに参議院議員会館前で記者会見をおこなった。大石と園田弁護士は、ここへきて態度を急変させ、これまで特措法の評価をおこなってきた作業部会をはずして、与党PT案に合意した民主党幹部をとりわけ強く批判した。

「与野党案では、国や県という言葉が盛りこまれておらず、その責任が不明確にされています。水俣病の実情に詳しい作業部会で、もっと協議すべきです」

この記者会見のあと、大石たちノーモア・ミナマタ原告団は、弁護団や支援者たちとともに、ただちに国会前の衆議院議員会館前で座り込みに入った。

ここから、3波、3週間にわたる抗議行動が続いていった。大石は、1週間近く座り込みを続けた後、水俣に一度帰郷。すぐにまた上京するという、身体的にはかなり厳しい行程を繰り返した。

特措法案に対しては、不知火患者会やノーモア・ミナマタ訴訟原告団だけでなく、マスコミなども含めた多方面の人びとが反対の声をあげていた。

6月29日には、水俣にある障害を持つ人たちの共同作業所「ほっとはうす」に集う、胎児性水俣病患者やその支援者たち約20人が上京。チッソ分社化などを盛り込んだ与党修正案を軸とした法案に合意しないよう、民主党国会議員たちに訴えた。

この訴えの席には、水俣病問題の検討のために小池百合子環境大臣が設けた私的懇談会「水俣病問題に係る懇談会」の委員である、ノンフィクション作家の柳田邦男も同席。「法案は懇談会の出した提言と正反対のもの。我々は無視された」と怒りのコメントを発表した。

国会前での抗議行動が続くなか、熊本では、ノーモア・ミナマタ訴訟に第16陣となる65名が新たに追加提訴をした。これで、原告総数は1811人に達した。

このタイミングでの提訴は、与野党合意の新救済法案に抗議して、チッソ分社化による「チッソの救済」を許さないという、被害者たちの強い意思があらわれたものだった。

7月1日、大石を先頭にする不知火患者会のメンバー約15人は東京で、民主党の本部へ向かった。特措法をめぐる与野党協議が、7月2日におこなわれると報道されていた。不知火患者会は協議に入る前に、なんとしても被害者の声を聞いてもらうよう、民主党に申し入れをしようとしたのだ。

患者たちは、これまでチッソ救済の特措法に反対し、国会採決の防波堤となっていた民主党が態度を変えたことに落胆していた。チッソ分社化を容認した真意を、党首である鳩山由紀夫にただしたいと考えていた。

大石を含む、多数の患者が民主党本部建物前に集まった。だが、民主党ははっきりとした対応を見せなかった。ところがそのとき、車から降りてやってきたのは、本部に入ろうとする鳩山由紀夫党首だった。

患者たちは鳩山に向かっていっせいに抗議の声をあげ、自分たちの話を聞くよう詰め寄ろうとした。しかし、鳩山党首は何人ものＳＰに取り囲まれていて、容易に近づくことはできなかった。

大勢の揉み合いのようになりながらエレベーターに乗りこんだ鳩山を追いかけて、大石はすかさずエレベーターに同乗した。ところが、一言も発することができないうちに、大石は取り巻きによってエレベーターから引きずり降ろされてしまった。

その様子を間近に見ていて激高したのは、抗議に集まっていた不知火患者会の女性陣だった。そのなかに、芦北町の世話人をしている井川富子も含まれていた。

芦北町海浦《うみのうら》の農家に生まれ育った井川は、幼いころから田植え時期などに農作業を手伝ったりしたという。農地は家から離れたところにあり、道路は自動車も通れない細い道だった。そのため、農作業には舟に乗って、海から回って行くほうが早かった。

漁家ではなかったが、父親が地元の地引網・まき網などを手伝い、小魚の「タレソ（イリコ）」やコノシロ、ボラ、太刀魚《たちうお》などをもらってきて、毎食のように家族で食べた。

井川は1973（昭和48）年のときに27歳で結婚して、夫が働いている京都へ転居した。京都で15年ほど暮らした後、長男の出産を機に海浦へ帰った。子育てには、親兄弟がいて自然の豊かな海浦の方がよいと思ったからだ。

その当時はちょうど、水俣病第三次訴訟が争われている最中だった。実家のまわりには、第三次訴訟の原告になっている人たちがたくさんいた。

井川自身もこのころ、慢性的な頭痛に悩まされていた。こむら返りも頻繁にあり、耳鳴りもしていた。後になって、あれは水俣病の症状だったのだろうと考えるようになった。けれども、母親も同じような症状を持っていたので、母親の気質を受け継いだのだろうとしか当時は考えなかった。

その後、両親は、第三次訴訟後の1995（平成7）年の政治解決のとき、申請をして補償を受けた。井川も、一緒に申請するよう両親から勧められた。だが、「ニセ患者が金をもらって」と偏見を受けるのが怖くて、結局、申請はしないままで終わっていた。

2005（平成17）年にノーモア・ミナマタ訴訟が提訴された後、海浦でも説明会が開かれた。そのとき、親類の人から「水俣病の説明会がある」と教えられ、初めて参加した。水俣協立病院の看護師がきて、症状などを説明してくれた。参加していた人たちの多くが、「私もそういう症状ある」「私もや」とささやき合っていた。

この後、「いまなら自分も声をあげられる」と、井川も抵抗感なしに裁判に加わることにした。2005（平成17）年11月14日の、第2陣での提訴だった。

原告になるとすぐ、井川は周囲の人から推されて世話人になった。その後は、地域でのビラまきに参加したり、知り合いの家を訪ねて「あなたも患者会に入りませんか」と呼びかける行動などにも出向くようになった。

2009（平成21）年に入って、特措法成立阻止のたたかいが激しくなってからは、何度も東京にまで出向いた。5月下旬の議員会館でのチラシのポスティングや、全国公害総行動にも参加してきた。

6月1日に始まった第34回全国公害被害者総行動のときには、不知火患者会のメンバーなど約80人とともに環境省を訪れた。応対をした、椎葉茂樹特殊疾病対策室長ら役人との交渉に臨んだ。

与党PTの救済法案を「患者切り捨ての法案」だと糾弾し、不知火海沿岸住民の環境・健康調査を迫る被害者側に対して、いっさい要求を受けつけようとしない環境省の役人たち。その横柄な態度を、井川はいつも携帯していたメモ帳に、日記の代わりにこう記している。


環境省の態度に腹が立った。顔を真っ赤にして、声をふるわせてどなる。あんなのを逆切れと言うのでしょうか。自分たちの言っている事、やってる事に自信がないのだろう。みっともなかったです。全然話にならなかったです。


国会前での座り込みでは、大石ら他の患者たちとともに、雨に濡れながら弁当を食べる経験もした。

井川の心のなかにも、チッソ分社化を容認する特措法は、与党が主張しているような「あたう限りの救済」につながる法案ではないという強い思いがあった。

このような法案を出してくる与党にも腹が立ったが、途中から賛成にまわった民主党には、さらにその真意を説明してもらいたいという気持ちが強かった。

井川たち女性の世話人たちは、何度も民主党本部前に出向いて、抗議行動や宣伝行動をおこなってきた。

7月1日にも、民主党の幹部に会おうと、本部1階のエレベーター前に集まっていた。鳩山党首が車から降りてきたのは、井川たちが民主党本部前に結集していたときだった。

車から出てきた鳩山に気づいて真っ先に近づいたのは、大石だった。エレベーターに一緒に入ったが、大石はすぐSPに引きはがされた。

その状況を見ていた10人ほどの女性陣は、どっと鳩山のまわりを取り囲んだ。

「逃げないでください」

「被害者の声を聞いてください」

「立ち止まって」

口々に大声をあげながら、女性たちは鳩山にすがりついていった。

井川も夢中で近づき、エレベーターに逃げこもうとする鳩山党首の胸を叩き、ネクタイを引っ張った。もう一人の女性が、背中から鳩山に抱き着いた。無我夢中だった。みんな、なんとしても患者の気持ちを伝えたいと、必死だった。

しかし、井川は背後からSPに羽交《はが》い絞《じ》めにされ、鳩山から引きはがされた。女性たちから離れてエレベーターに乗り込んだ鳩山は、そのまま裏口から逃れて、二度と不知火患者会のメンバーの前にあらわれなかった。

水俣病患者を救済する法律を審議するというのに、なぜ患者の声を聞くことすら拒むのか。悔しかった。井川たちはしばらく立ち尽くし、泣きながら民主党本部をあとにした。

そのときの思いを、井川はメモ帳にこうつづった。


私たち被害者の苦しみを聞いて下さったら、いい加げんな解決は決してできないと思います。それとも、被害者のことを全部知った上で、被害者をないがしろにした法案に賛成するのですか。

そんなことは絶対に許しません。私たちは昨日、鳩山代表に1分でも2分でも被害者の苦しみを聞いてもらいたくて、まっていました。2時間もまたされて、会ってもらえないとわかった時、私は、くやしくてくやしくて泣いてしまいました。

民主党は私たちのことをもっと考えて下さっていると思っていたのに、本当に失望しました。


翌7月2日、与野党3党の国対委員長は協議した末、今国会の会期中に特措法を成立させることで合意した。

この合意を受けて、患者団体や被害者団体など11団体が、「加害企業を免罪する分社化に反対する」緊急声明を発表。記者会見の席には、「水俣病問題に係る懇談会」の委員でほっとはうす施設長の加藤タケ子や柳田邦男も連なって、特措法の不当性を訴えた。

だが、7月3日、与野党3党合意による特措法は、午前中に環境委員会を約10分で、午後には衆議院本会議を5分程度であっさり通過。8日の参議院本会議で、成立の見通しとなってしまった。

水俣では、不知火患者会や水俣病被害者互助会、支援者ら200人が集まって、特措法反対の集会を開いた。この集会で大石は、「衆議院では数分で通過したが、参議院で絶対に阻止したい」と、特措法成立には最後までたたかうという意思を宣言した。

この7月3日、熊本地裁ではノーモア・ミナマタ訴訟の第20回口頭弁論が開かれていた。裁判が終了して閉廷後の記者会見で、園田弁護団長は言葉を強めてこう発言した。

「すべての被害者がきちんと補償を受けられる仕組みをつくるため、裁判は絶対に止められない」

国会前では引き続き、不知火患者会メンバーらによって座り込みがおこなわれていた。週が明けた7月7日、不知火患者会や水俣病被害者互助会、さらには胎児性の患者や支援者ら約50人が傍聴するなか、特措法は参議院環境委員会で可決された。

委員会では、分社化案に反対してきた民主党の松野信夫議員が質問に立ち、「この法案は、救済の中身も具体的ではない。なぜ分社化の必要があるのか」とあらためて与党に迫った。これに対して与党ＰＴの園田座長は、「分社化は被害者救済の手段である。救済をほとんど解決するという条件で認めた。加害企業優先ではない」と突っぱねた。

傍聴していた大石は、園田座長の言葉に、「ほとんどの救済とは、どういう意味なのか。あたう限りの救済ではなかったのか」と強い憤りを感じていた。

8日の参議院本会議には、特措法に賛成、反対両方の立場から、被害者など多数の傍聴者が詰めかけていた。議場にも傍聴席にも、異様な雰囲気が漂っていた。

会議が始まると、怒号ともいえるような野次が飛び交った。審議の途中で2人の傍聴者が、議事の妨害をしたとして議場外に連れ出された。

それでも、特措法は午前中のうちに、賛成多数で強行可決されてしまった。

成立した特措法の骨子は、

①水俣病被害の拡大を防止できなかったことについて政府の責任を認め、お詫びする
②過去にメチル水銀曝露を受けた可能性があり、手足の先や、全身の感覚障害があるものなどを早期に救済する
③口の触覚・感覚障害・舌の二点識別覚障害・求心性視野狭窄《きょうさく》の症状も救済対象として考慮する
④3年以内をメドに救済対象者を確定し速やかに救済する
⑤補償費用確保のため、チッソを分社化する。親会社が持つ子会社株式の譲渡は救済の終了と

市況の好転まで凍結する

というものだった。

チッソ分社化とともに、「3年以内をメドに」と期限を区切っていることが、後々にまで問題を持ち越すことになってしまう。「あたう限りの救済」には、とうていつながらない法律だった。

参議院での特措法成立直後、不知火患者会と水俣病被害者互助会、新潟水俣病阿賀野患者会は、合同で抗議声明を出した。

さらに、環境ジャーナリストのアイリーン・美緒子・スミスや柳田邦男らが記者会見を開き、有識者１０９名による「『水俣病幕引き・チッソ免責』立法に対する研究者・表現者の緊急抗議声明」を発表した。

この抗議声明は、採決が強行可決だったことで「議会制民主主義の根幹を脅かす暴挙」だったと指摘し、国際信用を損ない他の公害薬害事件の悪例となって、訴訟の権利を剥奪《はくだつ》して違憲の疑いもあるとして、特措法を痛烈に批判していた。

参議院本会議で特措法成立を傍聴した後、大石は座り込みを終了した患者仲間たちとともに、人通りの多い銀座にある有楽町マリオン前に移動した。この場所ですべての参加者が、自分自身の水俣病の被害を語り、解決のために多くの市民の協力を訴えた。

記者会見の席でと同じように、ここでも大石は、声を強めてこう訴えた。

「特措法は、患者の救済にはつながりません。やはり、水俣病の解決のためには、司法による救済が必要なのです。私たちはこのあとも変わりなく、司法救済制度の確立を求めて裁判をたたかっていきます。どうかみなさん、力強くご支援くださいますようお願いいたします」

特措法は成立し、3週間にわたった抗議行動は終了した。それでも、被害者たちは、ノーモア・ミナマタ訴訟をたたかい続けていく意思を、明確に表明したのだった。

不知火海沿岸1000人検診

特措法の成立からわずか10日もたたない7月16日、17日の両日、朝日新聞に信じられないような記事が掲載された。環境省の原徳寿環境保健部長がインタビューに答えて、次のように発言していたのだ。

「(水俣病だと)受診者がうそをついても見抜けない」

「不知火海沿岸では、体調不良をすぐ水俣病に結びつける傾向がある。あそこでは、医学的に何が正しいのかは分からない」

さらに原部長は翌日の記事で、水俣協立クリニックの高岡滋院長が、1969(昭和44)年以降に生まれた世代にも被害者がいることを明らかにした研究に対して、「ありえない」と否定。不知火海沿岸の健康調査については、因果関係が証明できないとして実施を拒否したのだった。

新聞に載った原部長のこれらの発言に関しては、水俣病被害者各団体が、「ニセ患者扱いで許せない」と激しく抗議した。

さすがに環境省も放置できず、椎葉茂樹環境省特殊疾病対策室長が水俣を訪れた。そして、取材が裁判の争点にあったために原部長は法廷での主張を紹介したのだと述べ、「報道でご迷惑や不安を与えて申し訳なかった」と謝罪。特措法の運用とは関係がないと明言した。

さらに7月24日、斉藤鉄夫環境大臣は「原部長の発言は大変遺憾」と述べ、厳重注意をしたと明らかにした。

ところが、被害者団体のさらなる要求で25日に水俣市にやってきた原部長本人は、「不快感や怒り、不安を与えたことをお詫びします」と被害者7団体に謝罪したものの、「発言自体は国の裁判上での主張」だとして、撤回要求には応じなかった。

２００４（平成16）年に水俣病関西訴訟最高裁判決が出された直後、熊本県は潮谷知事のもと、不知火海沿岸住民47万人の健康調査を含む独自救済案を打ち出した。しかし、環境省はこの熊本県案をまったく相手にしようとせず、沿岸住民の健康調査には応えようとしなかった。そうした国の姿勢が、原部長の発言の根底には横たわっていた。

これまで、不知火患者会だけでなく、どれだけの水俣病被害者団体や医療関係者などが、水俣病問題の全面解決のためには被害の全容解明が必要であり、住民の健康調査がその前提になっていると訴えてきたことか。

それでも国は、どれほどの月日がたっても、被害の実態をまともに見つめようとはしてこなかった。

患者切り捨ての特措法が成立したいま、このままでは、多くの被害者が苦しみを明確にされないまま、認定申請を却下されてしまう。その恐れが、ますます強くなった。

国が「やっても意味がない」というのなら、不知火海沿岸住民の健康調査を自分たちの手で実施し、被害の実態を突きつけるしかない。2009（平成21）年前半には、そうした機運が高まっていった。水俣病問題に心血を注いできた熊本県民会議医師団が中心になり、原田正純熊本学園大学教授を実行委員長として、不知火海沿岸住民の大検診が取り組まれることになった。

不知火海沿岸ではすでに、1987（昭和62）年に1000人規模の受診者を集めた大検診がおこなわれていた。今回の検診でも、同じように1000人という受診者数が目標に据えられた。

ただし、前回とは大きく異なる点が、今回の大検診にはあった。これまで、「水俣病患者はいない」として行政から公害健康被害補償法や保健手帳の交付で「指定地域外」とされてきた、天草市河浦町宮野河内《みやのがわち》などでも検診がおこなわれるとなったことだった。

これまでにない規模の大検診を見据え、熊本県民医連（熊本県民主医療機関連合会）は全日本民医連を通じて全国の民医連に協力、応援を要請。県民会議医師団も医師の確保に奔走するなどして、140名の医師と看護師、事務職など多数の人的応援が得られることになっていく。

実行委員会や不知火患者会などは、まずチラシを新聞折り込みや各戸配達、手配りなどして検診を住民に広く知らせ、行政の広報紙や回覧板、有線放送なども使って受診を呼びかけていった。

天草市河浦町宮野河内に住む岩崎明男はこのとき、家に配られてきた不知火患者会のA4判のチラシを見て初めて、地元でも水俣病の検診がおこなわれると知らされた。

代々、漁業を営む家に生まれた岩崎は幼いころ、漁師である祖父の家にあったテレビで、水俣病の騒ぎで魚が売れなくなる漁業被害が出ているのを知った。小学校4年生のころ、魚価が暴落して樋島の漁師がチッソに乗りこみ、逮捕される事件もあった。

宮野河内には劇症の患者がいなかったため、水俣病は海の向こうの話だと思っていた。

1975（昭和50）年ごろ、水俣に住む親戚が脳梗塞《こうそく》で水俣協立病院に入院した。見舞いに行ったとき胎児性の患者を見て、「水俣病というのはああいう病気なのか」と感じたという。

だが、祖父はまだ50歳ぐらいで岩崎が小学生のころから、仕事ができずに家で寝ていた。ずっと後になって、おそらく水俣病の症状だったのだろうと思うようになった。考えてみれば、父親も何度も入退院を繰り返した末、55歳ぐらいには仕事ができない体になっていた。

岩崎自身も、年齢を重ねるにつれて体の痛みや感覚障害に悩まされるようになっていった。

若いころは、真冬の冷たい海に入ると刺されるような痛みを感じた。しかし、40歳のころからは、その痛みもしだいに感じないようになっていった。

大検診のチラシを目にしたころは、しびれも感覚障害もさらにひどくなり、両腕はいつも電気が通ったような感じになっていた。岩崎は周囲の知り合いにも呼びかけて、検診を受けることにした。このとき、誘いに応じて検診を受けた人は22人ほどいた。

検診会場に出向くと、岩崎に与えられた受診番号は1番であった。

検診の結果は、四肢末梢神経優位の感覚障害で「水俣病」という診断だった。ここまではっきりと病名を告げられることに、岩崎は驚愕《きょうがく》し、つぶやいた。

「もう、8年になっとぞ」

手足のしびれは、ずっと以前からあった。あまりに症状がひどくなったので、8年ほど前からは医療機関に通ってきた。そこで施された治療は、ただシップ薬のような軟膏《なんこう》を塗るだけだった。8年の間、誰も、自分が水俣病であるとも、その疑いがあるとも教えてくれなかったのだ。

「どうして、もっと早く言ってくれんかったんか」

心のなかに、やりきれない思いが湧き上がっていった。

2009（平成21）年9月20、21日の大検診は、6市2町の17会場で実施された。

会場にきた受診者にはまずスタッフが、居住歴、職業歴、魚介類摂取状況、自覚症状などをていねいに聞き取っていった。その後、医師が1次診察。続いて神経内科や精神神経科などの専門医が中心になって、2次診察がおこなわれた。

検診会場には病院や診療所などの医療機関だけでなく、公民館や体育館などもあてられた。シーツや物干しざおなどを使って臨時の「診察室」をつくり出す技術は、水俣協立病院の職員たちにとっては何度もの出張検診で慣れたものだった。

会場には「相談コーナー」も設けられた。今後の補償や救済を求める方法について、弁護士などがていねいに説明をした。

2日間にわたる大検診の結果、受診者数は1044名にのぼった。岩崎明男など「指定地域外」に居住歴がある、200名を超える住民も含まれていた。

1044人のなかでは、これまで水俣病の検診を受けたことのない人が89％を占めていた。ところが、それら初めての受診者のうち、家族が水俣病に関して何らかの救済、補償を受けている人は半数以上の56％もいた。

家族や周辺に水俣病の患者がいても、もしかしたら自分も水俣病かもしれないと思ったとしても、検診を受けたり救済を求める声をあげたりすることが、いかに困難だったのかを物語っている数字だ。

総受診者1044名のうち、データ分析の許諾を得た974名に関しては、その後、さらに詳細な分析が加えられた。その結果、四肢末梢優位、または全身性の感覚障害が90％の人に見られ、視野狭窄、口周囲の感覚障害、舌の二点識別覚障害の所見が見られる人も加えると、93％の人に水俣病に特徴的な異常が見られた。すなわち、検診を受診したほとんどの人が、水俣病の症状を持っていた。

この事実は、まだ検診を受けたことのない不知火海沿岸住民のなかにも、相当多数の水俣病患者がいるのではないかと推測するに十分なものではなかっただろうか。

さらに、「チッソがアセトアルデヒドの製造を停止してメチル水銀の排出がなくなった」として、国が「被害者はいない」としている1969（昭和44）年以降に生まれたか、その年以降に不知火海沿岸に居住した受診者についても、86％に水俣病に特徴的な症状が見られた。

今回の大規模な住民検診は、不知火海沿岸住民の健康調査がまだまだ必要なことを明確にするとともに、国が掲げる「地域指定」も「年代による線引き」も、不当なものであることも明らかにしたのだった。

この検診で「水俣病」と診断された岩崎明男は、同年11月18日、142名の仲間とともに第18陣としてノーモア・ミナマタ訴訟に加わった。その後、岩崎は地域の世話人になり、天草地区の患者救済に力を注いでいく。

宮野河内の住民が裁判に参加すれば、魚が売れなくなる。漁業関係者がそう言って圧力をかけてきた。陰で「国賊」とののしっている人もいた。それでも、診察で水俣病と明らかにされた岩崎には、提訴しかないと思えた。もし面と向かって罵倒されるのならば、「あんたも診察を受けてみろ」というつもりだった。

岩崎たちが提訴したあと、様子を見ていた多くの人が裁判に加わってきた。２０１０（平成22）年1月28日提訴の第19陣１０８名。3月30日の第20陣が３７７名。原告総数は、２０００名を超えた。

それでも岩崎には、水俣病でありながら声をあげていない人が、周辺にはまだたくさんいると思えてならなかった。

国が和解のテーブルに

１０００名を超える受診者を集め、そのほとんどに水俣病の症状がみられることを明らかにした不知火海沿岸住民検診が、国に与えた衝撃はけっして小さくはなかっただろう。

検診から1か月ほどが過ぎた２００９（平成21）年10月23日、大石は再び霞が関に向かった。環境省を訪ねて、白石順一総合環境政策局長に、「すべての被害者救済」を求める不知火患者会の基本要求書を手渡した。

基本要求書は水俣病全国連絡会議の名で、以下の項目がつづられていた。
①司法救済制度の確立

②不知火海沿岸・阿賀野川流域住民の健康・環境調査
③保健手帳の交付対象地域の拡大、出生年の制限の撤廃

さらに大石は、小沢鋭仁《さきひと》環境大臣による被害地域の視察や、裁判で和解協議に応じることなどを求める要請書も提出した。

この大石の環境省訪問から約1週間後の10月31日。田島一成《いっせい》環境副大臣が、水俣を来訪した。田島副大臣はもやい館において、被害者9団体との意見交換をおこなった。

「一日も早い救済策の実現」「年内の救済策実現」など、さまざまな意見が各被害者団体から出されるなか、大石は「将来名乗り出る被害者救済のために、司法の場での和解を」と、一貫して変わらない不知火患者会としての要求を副大臣にぶつけた。

大石の発言を受けて田島副大臣は、今後の裁判に向かう国の姿勢を明らかにした。

「和解協議が成立する条件について、事前協議を開始したい」

意見交換会終了後の記者会見で田島副大臣は、この発言に関して次のように述べた。

「23日に不知火患者会から裁判上の和解協議のテーブルについてほしいという要請を受け、小沢鋭仁環境大臣と相談して、事前協議の開始を決めた。裁判で、国とともに被告になっている熊本県、チッソにはまだ協議開始の意向は伝えていない。まず国としての決断を示した」

この発言は11月4日、閣議後の記者会見で小沢環境大臣が「政務3役で合意済み。そういう

形で今後、進めていきたい」と確認。ついに国が、水俣病訴訟において和解に応じることになったのだった。

これまで、何十年、何次にもわたって、水俣病被害救済に関する裁判が争われてきた。だが、裁判所の和解勧告に応じて国が協議のテーブルにつくことは、一度もなかった。その国がノーモア・ミナマタ訴訟で、和解に応じる姿勢を初めて見せたのだった。

原告と被告である国との和解のための事前協議は、11月11日に開始された。

協議は、非公開でおこなわれた。不知火患者会、ノーモア・ミナマタ原告団からは、大石と園田弁護団長ら3人。国側は、田島一成環境副大臣、園田博之旧与党PT座長らが出席した。

原告側は水俣病関西訴訟最高裁判決に基づく一時金と、医療費、療養手当を加えた補償を要望した。これに対して国側は、1995(平成7)年の政治解決は無視できないとして、特措法を重視する姿勢を示したと伝えられている。

その後、何回かの事前協議を経て、ノーモア・ミナマタ訴訟原告団は2010(平成22)年1月11日に総決起集会を開いた。1100名を超える原告が集まったこの集会で大石は、裁判で和解協議に入ることを提案。満場一致で承認された。

この日の日記に、大石はこう書き記した。

すべての被害者救済のための、たたかいの幕がきっておとされた瞬間。身の引き締まる思い。いまからが、本当のたたかい。（閉会後に帰宅する原告を）玄関で出迎えて握手をして、力強い協力、団結を感じた。

総会終了後の記者会見で、熊本日日新聞の記者が「裁判は、山登りにたとえると何合目か」と質問した。大石は、とうてい「何合目」と言えるような心境ではなく、陸上競技の選手にたとえてこう答えた。

「まだまだ、選手登録をして、コールされるのを待っている心境です。スタートと言えるのはこのあと、裁判所で和解協議が始まるときだと思います」

1月22日、第23回弁論期日において熊本地裁は、「係争中のすべての事件」の原告2018名、ならびに国、県およびチッソに対して、訴訟上の和解による解決を勧告した。同日その後、第1回の和解協議期日が開催され、大石の言う「本当のスタート」、裁判上の和解協議が始まった。

水俣病の裁判史上、初めて国を和解協議の場に引き出す歴史的な和解勧告だった。

だが、その和解の基準、内容はまだ何も決まってはいない。被害者すべての救済を実現するためには、協議の内容が決定的な重要性をもってくる。

被害者側の要求を、どこまで結実させることができるか。「山越えて、こんどは短距離走になるかもしれない。すべての被害者を救済、補償をめざすことに変わりなし」。日記にそう書き記した大石にとって、むしろ精神的には、さらに厳しい日々が始まった瞬間だったといえるのかもしれない。

和解協議は、ほぼ1か月に1回の割合で開かれていった。第2回の協議で国は、「第三者委員会」による判定方式を提案してきた。

原告と被告双方が推薦する2名ずつと、双方が合意で推薦する座長1名の計5名による委員会をつくり、この委員会が原告一人ひとりを水俣病であるかどうかを判断していくという方式だ。これまで行政が一方的におこなってきた水俣病判断よりも、前進した方式だった。

第3回の和解協議では、国は「対象地域に上天草市龍ヶ岳《りゅうがたけ》町のうち樋島《ひのしま》地域と高戸地域、鹿児島県出水市下水流《しもずる》の3地域を追加する」「1969（昭和44）年11月末までの出生者も対象とし、それ以降の出生者であっても臍帯《さいたい》や母親の毛髪などに高濃度のメチル水銀曝露を示す科学的データがある者も対象としうる」と救済範囲の拡大で譲歩を見せた。

しかし、原告側が要求してきた「全住民の健康調査」は「調査研究」という言葉に置き換えられるなど、一進一退の様相で協議は進んでいった。

このような状況のなか、熊本地裁は3月15日、第4回和解協議の場で、裁判所としての解決所見を示した。その概要は、以下のようなものだった。

1．第三者委員会が「共通診断書」と「第三者診断結果書」を用いて判断する。

2．支給内容
①一時金１人当たり２１０万円
②療養手当　1万２９００～1万７７００円／月
③療養費の自己負担分
④団体一時金　29億５０００万円
3．調査研究等の実施
4．責任とおわび
5．紛争の解決
年内を目途にすべての原告について判定が終了し和解を成立させる。

この裁判所の所見を受けて3月28日、水俣市立体育館で原告団総会が開かれた。総会は、圧倒的多数の賛成で、熊本地裁の所見を受け入れることを採決した。

翌日、第5回和解協議期日において、原告側、被告側すべてが裁判所の解決所見受け入れを表明。基本合意が成立して、和解に向けた動きが本格化していった。

第三者委員会の座長は、国側との話し合いで吉井正澄元水俣市長に依頼することに決まった。水俣病と正面から向き合ってきた吉井元市長であれば、被害を正当に判断してくれると大石も考えた。

4月19日、大石は国側の小林光環境事務次官とともに、吉井元市長の自宅を訪ねた。吉井元市長は、快く座長就任を受諾してくれた。

ここから、原告となった被害者一人ひとりについて、第三者委員会において診断がくだされていくことになる。この診断を公正なものとするため、原告団、弁護団、医療関係者など支援者は、さらに取り組みを進めていった。

5　たたかいは終わらない

判定は厳しくとも

２０１１（平成23）年元日の早朝。大石は、年頭にあたっての思いを、日記に書きこんだ。前の年には、ノーモア・ミナマタ訴訟で、国を初めて和解協議の席に引き出した。６年目に入った裁判も、いよいよ解決のときを迎える年になる。

ところが、大石の心中は、これまで迎えてきたどの正月のときよりも厳しく、重苦しい思いに包まれていた。

今までと変わらない新年の夜明け。しかし、現実は厳しい年になるだろう。どこまでの救済ができるのか。すべての原告が理解して納得するのかが気にかかるが、第三者委員会の結果に異論はつけられない。一人ひとりの理解と、一枚岩の団結と、すべての被害者救済につなげるたたかいを覚悟しなければならない……

和解協議の基本合意では、原告側が裁判所に提出した共通診断書と、国・熊本県が指定した医師による第三者診断を総合的に判断して、各原告の水俣病の症状の有無が決定されるとなっていた。

たとえ共通診断書で症状が認められていても、第三者診断で確認されなければ、救済の対象とされない可能性があるのだ。

原告の診断においては、とりわけ「指定地域外」とされてきた天草などで、国側との間で激しいせめぎあいがあった。国は、今後の特措法申請者の救済に影響を少なくするためにも、「濃厚汚染のあった時期に同居の親族が漁業をしていたと漁協が証明する者に限る」など、条件を厳しくしようとした。

これに対して、ノーモア・ミナマタ訴訟弁護団は約300名いる指定地域外の原告一人ひとりを訪ね、当時の食生活や家族の状況を中心に聞き取り、供述録取書にまとめていった。

とくに指定地域外の原告の多い天草では、倉岳《くらたけ》漁村センター、大多尾《おおたお》公民館、姫戸老人福祉センター、舟津公民館を借り切って、3週間をかけて164名の供述録取書がまとめあげられた。

このような原告のメチル水銀への曝露条件の調査と共通診断書、第三者診断をあわせて、原告が一時金・療養手当・療養費の支給対象となるか、療養費だけの支給となるか、まったく支給されない結果となるかが判定されていったのだった。

ノーモア・ミナマタ訴訟の第三者委員会判定が進められていく一方で、特措法への患者の申請も日を追って増えていった。

国は2010（平成22）年5月1日、特措法に基づく救済手続きの申請受付を開始した。それからわずか1か月後の5月31日時点で、熊本県での申請受付数は1万3581人に達した。申請者数はその後も拡大を続け、4か月がたった9月6日には、熊本県で2万5545人、鹿児島県で8443人、新潟県で480人。3県合計で3万4468人という数字になった。

いかに多くの水俣病患者が、これまで救済を求める声をあげられないままでいたのかを、如実にあらわす数字だといえるだろう。

このような事態が進行しているさなか、大石は再び、病院でベッド上の人とならなければならなかった。かねてから痛めていたひざの関節が、耐えられないほどの激痛に見舞われるようになってきたのだ。

2006（平成18）年1月に軽い脳梗塞を起こして以来、立っているとふらつくこともあって、大石はずっと杖を使ってきた。それでも、これまでは歩行に不便はなかったのだが、ひざ関節の痛みで歩くこともままならなくなってしまった。そのために、思い切って手術を受けることにしたのだ。

患者救済がどのように進んでいくのか。現場に行けない焦りはあったが、これ以上身体に負担をかけることは無理だと判断した。

2010（平成22）年6月28日、大石はあらためて、水俣市立総合医療センターに入院することになった。

7月5日に全身麻酔で手術を受けた大石は、1週間後から始まったリハビリの闘病経過を、自身の日記に短い言葉ながら毎日つづっている。

13日　機械による足屈折リハ　90度より　リハ室　歩行器リハ
14日　110度　歩行
15日　115度　杖歩行訓練　回診時抜糸
16日　120度　1回目　リハ室杖歩行
17日　120度　杖利用して5F病室歩行

歩ける体に早く戻ろうとして、大石が懸命にリハビリに取り組んでいる様子が伝わってくる。病室のベッドで横になっていても、大石の心のなかをめぐるのは、被害者の救済の行方だった。申請受付が始まって2か月になる特措法は、どのように運用されているのか。第三者委員会は、どう進んでいるのか。

早く歩行機能を回復しなければ、以前のような行動ができない。一日でも早く、たたかう仲間たちのもとに戻りたい。必死の気持ちから、手術後の大石は、過酷ともいえるリハビリに打ちこんだ。

痛めていたひざの可動範囲、動ける範囲は、少しずつ、少しずつ広がっていった。

27日　リハ室　階段上下リハ初日
29日　階段30段　自転車5分
8月2日　自転車リハ10分　階段30　徒歩2周
3日　自転車リハ15分

このようなリハビリをやり続けて、8月7日には試験外泊で帰宅。バイクや車の試運転もできるまでに回復した。そして、入院から1か月半後の8月11日、大石は無事に退院にこぎつけることができた。

杖に頼らなければ歩行がままならないことは、以前と変わりない。それでも、激しいひざの痛みから解放された大石は、すぐにまた不知火患者会の活動に戻っていった。

退院から半月後の9月1日には、東京の環境省で役人との交渉に臨んだ。24日から25日にかけては、水俣病問題のシンポジウムなどで北海道へ飛んだ。10月3日、4日には、諫早湾《いさはやわん》埋め立て問題の集会で佐賀へ出向いた。11月13日には、公害問題の説明で名古屋まで出かけた。

「水俣病の真の解決」だけを求めて、健康な人間にとっても厳しいと思えるような日程を、大石は退院後もこなしていった。

大石が退院して2か月後の10月8日には、熊本地裁において第7回の和解期日が開かれた。この席で、第三者診断や委員会の進捗状況の中間報告が伝えられた。

大半の原告は水俣病の症状があると認められていたが、対象からはずされてしまっている原告もいた。すべての患者への救済とならないことは、すでに明らかになっていた。

予測されたことではあったが、「100%の救済」だけを願ってきた大石にとっては、辛く、厳しい判定の現実だった。

けれども、和解協議で合意した第三者委員会の判定には、あくまでも従わなければならない。その苦悩が、2011(平成23)年元日の、悲壮感にあふれたともいえる年頭の言葉につながっていたのだった。

この年の1月12日、水俣病被害者6団体は、あらためて「チッソ分社化」への共同抗議声明を出した。記者会見に臨んだ大石は、「水俣病の実情はまだきちんと分かっていない。分社化でチッソがなくなれば、新たな訴えをどこにすればいいのか」と、国の対応をあらためて非難した。

2月13日には、最後の第三者委員会が開催された。

そして、2月15日近畿地裁、16日東京地裁、18日熊本地裁と立て続けに和解協議が開かれ、ノーモア・ミナマタ訴訟は3月下旬の解決の日へと向かっていくことになった。

ついに、結果は出た。ほとんどの原告が救済された。それはもちろん、ノーモア・ミナマタ訴訟は「勝利和解」を勝ち取ったと言うにふさわしい成果だった。それでも大石は、心のなかの重い気持ちを取り除けないままでいた。

3週間後の3月2日。大石は第三者委員会で座長を務めてくれた吉井元水俣市長の自宅を、加害者側の担当者だった小林事務次官とともに訪ねた。

第三者委員会でのやりとりは、けっして平坦なものではなかった。原告側が提出した共通診断書の判定が、第三者診断によってくつがえされることもあった。それでも、吉井が座長を務めてくれていなければ、結果はさらに厳しいものになっていたかもしれない。大石はそう思っていた。

同じように、大石は国側の交渉担当者だった小林次官にも、「感謝」ともいえる気持ちを抱いていた。加害者側という立場ではあったが、小林は被害者の現実を真摯《しんし》に受け止めてくれたと大石には思えた。

この時点ですでに環境省を退職していた小林は、不知火患者会の今後の活動についてまで気を使い、さまざまなアドバイスを大石に与えてくれていた。

この人たちとの出会いがあったことも、間違いなく裁判を勝利和解に持ちこむことができた一つの要因だったと大石は思った。

提訴からの6年の歳月。振り返れば、多くの人たちの支えがあった。不知火患者会の仲間たちがいたからこそ、解決の日を迎えることができた。家族が背中を押してくれたから、長期の裁判に向かうことができた。そして何よりも、妻の澄子が支えてくれたから、自分はここまで頑張ることができた。……

大石はあらためて、自分を支えてくれた人たちの力を、感謝の思いでかみしめていた。心のなかの重い気持ちをすべての人たちへの感謝の気持ちに変えて、大石は最後の局面に立ち向かっていこうとしていた。

涙の原告団総会

第三者委員会での判定が確定したことを受けて、3月に入って各地域での世話人会議が開かれた。さらに続いて、原告への説明のための地域集会が開かれていった。

大石の日記には、すべての原告に報告をしていくための対応のあわただしさが、如実にあらわれている。

3月5日　16：00～　事前打ち合わせ会議　17：00～　3役会議
6日　16：00～　世話人会議
8日　10：00～　水俣地区北部世話人会議　13：30～　出水地区世話人会議　17：00～

熊本にて合同幹部会議
9日　10：00～　天草地区世話人会議　18：30～　世話人会議
10～11日　東京にて最終交渉
15～19日　地域集会

こうして、すべての地域での小集会を終えて、迎えた3月21日。ノーモア・ミナマタ訴訟原告団は、芦北町のしろやまスカイドームで原告団総会を開催した。東京、近畿の訴訟も含めた原告数2993名のうち、出席したのは1509名。委任状とあわせて、2860名が参加する大規模な総会となった。

原告団総会では、まず副団長の中嶋武光《なかじまたけみつ》が開会の挨拶に立った。中嶋は、患者会のなかで最も会員数の多かった出水地区のたたかいの中心となってきた。出水地区には複数の患者会が存在したことから、他の患者会からの切り崩しへのたたかいを経て、少数の世話人で出水から長島までの広範囲をまとめあげた。

一方、海浦の副団長、桑鶴親次《くわづるしんじ》は、水俣病第三次訴訟原告の子ども世代が多かった海浦地区で活動の中心となった。桑鶴は裁判闘争の後半で体調を崩したが、海浦の原告をまとめあげ、訴訟終結までゆるぎない結束を維持する役割を果たした。

10日前に起きたばかりの東日本大震災被災者への黙禱《もくとう》を中嶋が呼びかけて、総会は始まった。

続いて、これまでの経過報告と、和解に向けての提案を求められた団長の大石。おぼつかない足取りながら、杖に頼らずに壇上中央のマイクの前に歩み寄った。

「私たちは昨年の3月29日に基本的合意を成立させ、今日まで全員救済を目指してがんばってきました。そして、原告3000名について、第三者委員会の判定結果が出されました」

「ご苦労様です」のあいさつの後、そう話し始めた大石は冒頭で原告たちに、最も口にしたくなかった、最も不本意な言葉を告げなければならなかった。

「残念ながら、〝原告全員が救済の対象〟とはなりませんでした……」

すべての被害者の救済。何よりも強くそれを目標にたたかってきた大石にとって、救済からもれる仲間が出たことを報告しなければならないのは、まさに腸を断たれる思いだった。

しかし、残された時間は、もうわずかしかない。大石は気持ちを引き締め直して、言葉を続けた。

「この結果を受けて、最終的に和解を成立させるのか、それとも裁判を続けるのか。いよいよ決断しなければならないときがきました。第1陣提訴からこれまで、私たちは一枚岩の団結でたたかってきました。最後までこの団結を、維持していきたいと思います」

第三者委員会は、以下のような判定を下した。

「ノーモア・ミナマタ訴訟の熊本、東京、近畿の原告総2992名のうち、医療費が無料になる手帳と毎月の療養手当、一時金のいわゆる『3点セット』の救済を受けられるのは277

2名。原告全体の92・6％。医療費が無料になる手帳だけがもらえるのは22名、0・7％」

合計すれば、93・4％の原告が救済の対象となったことになる。これだけの数字を勝ち取ったのは、たたかいの大きな成果だったといえるだろう。だが大石にとって心残りなのは、やはり救済の手が届かなかった仲間たちのことだった。

「残念ながら、裁判の途中で亡くなった原告を含め、198名、6・6％の人が、何の救済も受けられないと判定されました。しかし、この方々も、医師団から水俣病と診断された方々です。私たちと同じ被害者です」

第三者委員会の判定は、いわゆる「指定地域外」の居住者についても、70％以上の割合で救済を認めた。これは、天草地域などに入りこんできめ細かな患者掘り起こし、原告となった人たちへの支援をおこなってきた、この運動の大きな成果だった。

また、国が「水銀の影響はない」とする1969（昭和44）年11月30日以降の出生、居住の原告についても、一部に救済対象と認められる人がいた。

たとえば、1971（昭和46）年生まれのある原告は、家に残されていた臍帯《さいたい》を国立水俣病総合研究センター疫学研究部で検査してもらったところ、平均水銀濃度の0・1ppmを超える0・17ppmだった。

このような「証拠」もあって救済となったが、本人自身にすれば、口周囲の感覚障害があり、転びやすく、手がつったり握ったものを落としやすいなど、明らかに水俣病の症状があると語っている。

報告の最後で、大石はさらに言葉を強めてこう訴えた。

「第三者委員会の判定は厳しいものではありましたが、水俣病被害者の全員救済を目指した私たちのたたかいにおいて、これだけの救済を獲得したことは高く評価したいと思います」

大石の報告を受けて、参加している会場の原告からの意見、質問が出された。10人を超える参加者が発言したが、そのほとんどは、和解成立に賛成の意見だった。

「93％以上が救済されるというのは、大きな成果だと思います。救済から漏れた人にも（団体加算金などから）手当てをすることで、全員救済といってもよかではなかとですか」

また、これまで被害者救済の手がほとんど届いていなかった天草地区の住民たちからは、集団検診などで光をあててくれた患者会などの活動に対して、強い謝意が表明された。

「上天草市の龍ヶ岳《りゅうがたけ》町は、一部しか対象地域にされとらんかったんです。じゃが、地域集会で話を聞いて、保健手帳を返上して裁判に加わったら、途中から対象地域と認められることつなったと。裁判に入って、本当よかったです」

「天草市倉岳町は、これまで水俣病とは関係ないように思われてきました。症状があっても、誰も水俣病とは思わんかった。集団検診をしていただいて、初めて被害者がいるとわかったとです。それで、今回の救済につなげることができました。みなさんとたたかってこられたこと、本当に感謝しとります」

「団長さんや世話人さんたちには、5年以上もの長い間、本当にご苦労様でした。天草市の河浦町では1年しかたたかっておりませんが、みなさまにお礼申し上げます」

数多くの意見を受けて、採決に入る前に再び、大石が壇上に立った。大石は、先頭に立ってたたかってきた大石自身や世話人、事務局、弁護団に対して感謝の言葉が会場から相次いだことを受けて、こう切り出した。

「私には正直に言って、心苦しいような気持ちがあります。私はみなさんに支えられながら、今日の日を迎えられたのです。本当に感謝しております。ありがとうございました」

そして、あらためて理由を述べて、今回の和解案を受け入れてくれるよう、会場全体の原告に提案した。大石が語った理由の一つは、原告の約4割が70歳以上の高齢になっていたことだった。残された時間は、けっして多くはないのだ。

そして大石は、裁判の途中で100名近くの原告が亡くなった事実にも触れた。

「とても残念なことです……。私は亡くなった人たちにも全員、この場に参加していただいて、……報告をきいてもらいたかったと思っとります……」

そこまで語って、大石は舞台上の下手に原告たちの目をいざなった。そこには、いつもの行動のときと同じように、大石が折った千羽鶴が飾られていた。

「今日も、鶴を折ってきました。今回の成果は、亡くなった方々も含めて、原告であるみなさんの力を合わせたもの、協力のたまものと思っています。……そういう意味で……そういう意味で……」

そこまで語って大石は、言葉が続けられなくなった。こみ上げてくる涙を、こらえることができなくなった。あふれてくる思いに半ば嗚咽《おえつ》しながら、大石は何とか報告を続けようとした。すべての被害者の救済だけを願ってたたかってきた。それなのに、裁判の半ばで亡くなってしまった仲間がいた。最終的に、救済されない仲間を出してしまった。その悔しさが、大石の心中を激しくかき乱した。なぜもっと早く解決できなかったのか、なぜすべての被害者を救済することができなかったのかと。……

しかし、悔やんでばかりいても、何も前に進まない。大石は気を取り直し、あらためて原告全員に提案の承認を求めて、壇上のマイクの前を離れた。

こうして、2時間にわたった原告団総会の最後に、採決が取られた。

「賛成の方の挙手をお願いします」の議長の声に、会場全面を埋めるように発言通告用紙をもった手が挙げられた。大石からの提案は、圧倒的多数の賛成で承認された。

この採決をもって、大石は3月25日、ノーモア・ミナマタ訴訟原告団長として熊本地裁での和解協議に臨んだ。

和解協議に基づく支給概要は、以下のようになっていた。

1．一時金

被告チッソは、一時金等対象者2772名に対し各2100万円、原告らに一括して34億5000万円を支払う（大阪、東京地裁を含む）

2．療養手当

（1）被告熊本県は、一時金対象者に対し、療養手当として、毎月1万2900円〜1万7000円を支払う。

3．療養費

熊本県・鹿児島県あわせて2794名が対象。

熊本に前後して、東京、大阪の地裁でも、同様の和解が成立した。

ついに、ノーモア・ミナマタ訴訟は終結の日を迎えた。

大石たちは3月25日の熊本地裁での和解成立の後、熊本県庁に向かった。そして、知事に和解を報告したあと、知事応接室において「東北地方太平洋沖地震の被災地に対する義援金贈呈式」に臨んだ。

大石のこの日の日記には、知事応接室での席順が図入りで細かく描かれている。そして、いったん筆をおくかのように、そのあとに空白の部分がしばらく続いていく。

だが、不知火患者会会長、ノーモア・ミナマタ訴訟原告団長としての大石の活動は、けっしてこれで終わりを迎えることはなかった。大石の活動日誌もすぐに、以前と変わらないペースで埋め尽くされていく。

3月26〜29日　大阪

26日　公害総行動第2回実行委員会　あおぞら財団ビルグリーンルーム3F　……

1年4か月後の2012（平成24）年7月初め、大石は再び東京の国会議事堂前で、座り込みの集団に加わっていた。

多くの世論に逆らって、国は特措法の受付を2012（平成24）年7月で打ち切る方針を出していた。

特措法の申請者数は、2011（平成23）年3月末時点で、4万2974人に達していた。その数は、まだまだ日を追って増加していた。特措法に期限が設けられれば、救済措置を受けようとする患者はここでも行き場を失ってしまう。「申請打ち切りは、絶対にさせてはいけない」が、水俣病被害者たちの願いだった。

7月3〜5日　東京行動第1波　特措法締切反対

10〜12日　東京第2波行動

17〜19日　東京第3波行動

そして、2013（平成25）年6月20日、ノーモア・ミナマタ第2次訴訟が、48名の原告によって提訴された。

第1次訴訟で救済を受けられなかった患者たち、特措法で認められなかった患者たち、さらに、まだまだ声をあげられなかった患者たちが、救済を求めて新たなたたかいを起こしていたのだった。

2014（平成26）年5月13日、大石は参議院法務委員会で参考人として意見陳述をした。会社法改正で、「子会社の株式売却には株主総会の特別決議が必要」とされていながら、チッソを適用除外として分社化を認める修正案が衆議院で可決されたことへの反対意見を述べたのだった。

水俣病がいかに自分たち患者を苦しめたかを述べ、チッソ救済の分社化への反対を表明したあと、大石はこう語って意見を締めくくっている。

「水俣病の最終解決とは、被害者がいなくなることです。……もうそういう症状を持った人はいないということが出るまで、私たちはそれを訴え続けていきます。……」

水俣病は、まだ終わってはいない。たたかいも、終わらない。

大石はまた、動き始めた。その活動は、どこまでも続いていくことだろう。すべての被害者が、本当の救済を受けられる日まで。

水俣病特措法の締め切りに反対する抗議行動（2012年 7 月 3 日、環境省前）

エピローグ　ミナマタを未来へ

春の暖かな日差しが、包み込むように降り注いでいた。駅前の雑踏を離れると、風が爽やかに頬をなでていった。

2015（平成27）年3月26日。大石は、横浜の高台に建つ高校に向かって、ゆっくりと坂道を登っていた。数日前にこの高校を卒業したばかりの、一人の女子生徒に会うためだった。

水俣病のたたかいを始めてから、大石はこれまで考えもしなかった数々の経験をしてきた。もしたたかいに立ち上がっていなければ巡り会わなかっただろう、たくさんの人たちにも出会ってきた。

水俣を訪れて、水俣病の現実を知ろう、勉強しようという、中学生や高校生、医学生たちとの出会いも、そうした経験の一つだった。

ノーモア・ミナマタ訴訟が提訴される以前から、全国の学校の生徒たちが「公害の原点」から学ぶために、修学旅行やフィールドワークで水俣にやってきていた。

そのようなたくさんの生徒たちに、「いまも水俣病とたたかっている患者」として紹介され、大石はさまざまな場所で講演をしてきた。

水俣病資料館を見学して水俣病の歴史を知り、患者たちに被害の実態や差別、偏見に苦しんだ過去を聞き、美しい不知火海に心躍らせた生徒たちは、若い柔らかな心で大石の語る現実を受け止め、自分自身の生き方と重ね合わせて、水俣病の問題と向き合ってくれた。

「大石さんにお会いした時、本当に水俣病だとはわかりませんでした。ですが、あのとても辛いとうがらしを何も味がしないとおっしゃったり、つまようじで手の甲を刺しても痛くないとおっしゃってるのを見て、本当に水俣病は怖いものなんだなと思いました。また、政府がしていることにも、とてもがっかりしました。私たちが学ばせていただいたことを、次の世代に伝えていかなければならないなと思います」

「大石さんがおっしゃっていた、水俣病の治療薬、薬品研究をしてほしいという言葉を聞き、将来、大石さんのように苦しみながらも強く生きている方々の力になれる人間になりたいです。多くの人を苦しみから救いたいです。医療関係の仕事につきたい、そう思いはじめました。夢のなかった私に、大きな大きな夢を与えてくださったのは大石さんです」

全国からやってくる学校のなかでも、横浜にある神奈川学園中学・高校は、早い時期からフィールドワークで何度も水俣にきていた学校だった。

その神奈川学園高校を卒業したばかりの一人の生徒に、大石はこの日、会うことになっていたのだ。

生徒は、中学3年生の2012（平成24）年に、フィールドワークで水俣訪問を選択した。

そのころ生徒は、生きる目的、自分の将来を模索することに、もがいている最中だった。事前学習の作文で、生徒はこう書いていた。

「私は水俣を選びます。自分の『生き方』を学ぶために、ここに行くべきなんです。私は今、自分の生き方が分かりません。フィールドワークの授業で水俣について知った時、なんかすごく心に残るものがありました。水俣病にかかってしまった人が『生きている意味ってなんなのか』ということを考えざるを得ない状況に立たされて、それでも必死に生きていかなくてはいけなくて……って、そうやってやっと乗り越えてきた人たちに、ものすごい感動したというか、心を動かされ、私もそこに行けば、人間の生きる意味や生き方について深く学べるものがあるかもしれないと思いました。……」

水俣のフィールドワークで生徒は、水俣病資料館へ行き、舟で不知火海に漕《こ》ぎ出し、大石にも話を聞き……。ところが、水俣へ行って出会ったものに、生徒はさらに混乱させられた。

学校に戻ってすぐに書いた感想に、生徒の戸惑う心があらわれている。

「正直、水俣に行って、帰ってきて、私は何のために水俣に行ったのか、わかんなくなってしまいました。自分が水俣でやりたかったことが、できませんでした。……」

生徒は、水俣で多くの人たちに出会い、大石たちの話を聞いて、水俣病の大変さを実感した。そんな状態でも患者たちが忘れていない、人間の温かさを実感した。その人たちの気持ちを、忘れずにいたいと思った。けれども、「それだけでいいのだろうか」と、疑問に感じたのだ。

水俣病の人たちに対して、「大変でしたね」と言えば、その場の出会いは完結する。しかし、自分はもっと深い意味を、水俣病の人たちから感じなければいけないのではないかと、生徒は考えた。その「何かつかめないもの」に生徒は苦しみ、悩み続けたのだった。

生徒の様子は、担任の教諭から大石にも伝えられていた。大石は思った。

「簡単に答えを出さなくてもいい。感じたことをそのまま心にいだき続けて、人生のなかで、考え続けてくれればいい」

その大石の思いが伝わったかのように、生徒は、翌年、水俣へ行く後輩たちへの手紙にこう書き送っている。

「大石さんの話を最初に聞いたときは、自分が思っていたよりも別の角度からの考え方や、体験談で戸惑いもあったし、何より大石さんのいう言葉一つ一つに圧倒されてしまいました。話を聞き終わってすぐは何も言えなくなり、共感できずにいました。自分が経験していないことは、こうもわからないのかと思いました。そんな自分が、少しショックでもありました。……」

現地の人の誰もから、「この話をいろんな人に伝えてください」と生徒は言われた。でも、自分は水俣病にかかっていないから、どれほど苦しいのかを人に伝えることはできないと、率直な気持ちで生徒は揺れ動いた。

こうしてもがき続けた生徒は、高校3年生で出会ったある本を読んで初めて、一つの「答え」を探し当てたのだと書いている。

「水俣の人たちが『伝えてほしい』といった意味は、実際に水俣で起きたことを詳細に、正確に伝えることを望んでいたわけではなく、たくさんの人に水俣病という過去の事実があったことを知って、考えて、わかろうとしてもらうことを望んでいたのだと思いました。

……すべてをわかるのは、自分自身が経験者として水俣病になってみないとできないけれど、わかろうと努力することはできます。わかろうと努力する人が増えれば、水俣病の解決にも道が開けるのだと、初めて思いました」

これから生きていくなかで、わかろうと努力し続けること。それこそが、水俣病の人たちの願いに報いること。水俣病の問題を、広く伝えていくこと。そういう答えを手にして、これからの生き方をほんの少しつかんで、生徒はこの春、高校を卒業したのだった。

以前に教諭から話を聞かされ、ずっと気になっていた。その生徒と、大石はこの日、ようやく再会することができた。3年にわたって自問自答を続けてきて、ようやく一つの解を手にできた。生徒の表情は、晴れ晴れと輝いているように大石には見えた。

「私、人との関わりや社会の仕組みをもっと考えたくて、大学の進路を選択しました」

生徒は、はにかむようにそう言った。

きっとこの先も、何度も人生の壁にぶつかることはあるだろう。でも、水俣で知ったこと、出会った経験が、必ずまた生徒に何かのヒントを与えてくれるに違いない。

大石は笑顔で「よかったね」とうなずき、胸につけていた不知火患者会のバッジをはずして生徒に手渡した。「いつまでも、ミナマタを忘れずに」という思いを込めて。

生徒は大事そうに、そのバッジを受け取った。そしてまた、明るい笑顔を見せた。

「ミナマタはこうやって若い世代が、必ず未来へとつなげてくれる」

心のなかに確かなものを感じながら、大石は生徒と教諭に別れを告げた。

校庭に出ると、満開に咲き始めた桜が、青空の下で揺れていた。舞って落ちる花びらを受けながら、大石は水俣へと戻っていった。

水俣病不知火患者会13年間の活動を振り返る記念書籍発行に、ご尽力いただいた矢吹紀人ルポライターをはじめとする各編集委員及び患者会のみなさんに心よりお礼を申し上げます。

私ごとではありますが、これまでの活動を物心両面から支えてくれた妻澄子と家族に心から感謝を述べたいと思います。

また、熊本大学医学部病院の宮下梓医師が、私のほほを両手でつつみ、「大石さん、あなたには、水俣に帰り、まだやらなければならないことがたくさんあるでしょう」と言った一言が、鬼籍に記帳される寸前の私に生きる勇気を与えてくれました。このように、5か月に及んだ入院生活を多くの医療関係者、患者会の仲間、全国の弁護団や支援者のみなさんが支えてくれました。改めて感謝とお礼を述べたいと思います。

私たちは、これまでのたたかいを振り返り、残された課題を明らかにしながら、「真の水俣病問題の全面解決」の探求を続けたいと思います。そのために、患者会員はもとより、多くのみなさまのご理解とご支援を心からお願いしたいと思います。

一枚岩の団結とすべての水俣病被害者の救済に向けて、この記念書籍が少しばかりでも今後の活動の参考になれば幸いです。

水俣にて、大石利生

第1次訴訟の勝利判決を伝える渡辺栄蔵原告団長(1973年3月20日、熊本地裁前)。北岡秀郎氏提供

第2部 水俣病被害者のたたかいと未来への責任

1　水俣病救済を求める被害者たちのたたかい

中山裕二（水俣病被害者の会全国連絡会事務局長）

（一）被害者とともにたたかって

はじめに

1964年暮れから新潟県の阿賀野《あがの》川流域で、ネコのてんかんや人間が狂死する事態がおこった。翌年6月、新潟大学医学部は第二の水俣病が発生していると公表。加害企業である昭和電工は因果関係を争い、国もそれを擁護するなかで、1969年6月、わが国では初の本格的な公害裁判である新潟水俣病訴訟が提起された。

この年の9月には、四日市大気汚染公害訴訟が、翌1968年にはイタイイタイ病訴訟が提訴された。

この訴訟提起の流れの最後に、1969年6月14日、熊本地裁に水俣病第一次訴訟が提起され、いわゆる四大公害訴訟といわれる裁判が出そろう。

以来、1973年水俣病第二次訴訟（第二次訴訟）、1980年水俣病第三次訴訟（第三次訴訟）、1995年の政治解決をへて、1997年水俣病被害者の会全国連絡会結成へと続いた。

それぞれの判決や和解協議を契機に水俣病のたたかいは、質的にも量的にも大きな発展をとげる。それは、被害を最小限に見せようとする国と膨大な被害の実態を明らかにする患者の壮絶なたたかいでもあった。

今年（2018年）は、1968年水俣病が政府によって公害病認定されて50年の節目の年でもある。この機会に、水俣病裁判を軸にノーモア・ミナマタ訴訟にいたるまでのたたかいについて、振り返ってみようと思う。

キーワードは「民主主義」。

■水俣病訴訟

1968年、政府による水俣病の公害病認定後、翌年6月14日、熊本地裁に水俣病訴訟が提起された。後に水俣病第一次訴訟といわれた。

水俣病として、すでに認定されている患者とその家族29世帯、112人（渡辺栄蔵原告団長）が、チッソを被告として6億4000万円余の請求をしている。

この日、渡辺原告団長は、熊本地裁前の集会で「今日ただいまから私たちは国家権力に対して、立ちむかうことになったのでございます」とあいさつした。国や熊本県を被告にしているわけではないが、渡辺団長の言葉は、たたかいの本質を真正面から正確にとらえ、また、並々ならぬ決意を込めたものだった。

当時、原告となった患者たちの被害は極限に達していたと言ってもけっして過言ではない。三女、四女が相次いで発症した田中アサヲさん（故人）は、供述録取書のなかで「昭和三十一年、節句のヨモギのあんのはいっている餅を『二人で二つずつ食ったバイ』と静子が言うことがありました。『母ちゃん、ウマカッタ』と何でも喜ぶ子でした。この時が食べじまい（筆者注、最後の食べ物）でした。」「その時実子が『姉ちゃんが泣くで、病院に行ってこんな』とはっきり言いました。この言葉も最後の声でした。」そして最後に、「ながらくくだらんことを並べてすみません。思っている半分も書きあらわすことはできません。富士山の高さは知りませんが、山より苦労は高うございます。よろしくお願い申し上げます。」（山本茂雄編『愛《かな》しかる生命《いのち》いだきて』7～17ページ、新日本出版社）と締めくくっている。わが子の最後の食べ物、最後の言葉を知る親の苦しみはいかばかりであろうか。

また、夫である田中義光さん（故人）は、娘たちを伝染病隔離病棟に入院させた時、近所からきらわれ、交際もとまり、誰一人として家に来なくなり、一家心中も何回か考えたという。

1973年3月20日、熊本地方裁判所は、チッソの責任を断罪する判決を下した。判決は、原告が主張した汚悪水論を事実上肯定。見舞金契約について公序良俗に反するとし、遺失利益を含めた慰謝料として1800万円、1700万円、1600万円の3つのランク付けを行い損害賠償一律化の方向を示した。

チッソは圧倒的な世論のまえに控訴できず、判決は確定。この判決をもとにチッソと患者団体は補償協定を締結し、補償の基本的なルールが確定した。四大公害裁判の最後となったこの判決以降、企業は公害を出せば責任があるという、今では当たり前すぎることだが、この法理が社会的に確立する。

■水俣病第二次訴訟と水俣病被害者の会

水俣病訴訟の判決を間近に控えた1973年1月20日。水俣病訴訟のたたかいを引き継ぐ、新たな訴訟が熊本地裁に提起された。第二次訴訟である。未認定を含む水俣病患者や遺族141人が原告となり、チッソを被告として16億8400万円を請求。原告団長には、提訴後しばらくして、島崎成信（出水市米ノ津《こめのつ》）が就任し、島崎が行政認定された後は、終結まで竹本己義《みよし》（水俣市江添《えぞえ》）が務めた。

また、同年5月5日、第二次訴訟原告団を母体に水俣病被害者の会（被害者の会）が会員100人で発足する。初代の会長には、隅本栄一《すみもとえいいち》（旧田浦町大田）が選出された。選出された役員は以下のとおりである。副会長・開田幸夫《ひらきださちお》（水俣市茂道《もどう》）、事務局長・掃本博昭《ほきもとひろあき》（水俣市百間町《ひゃっけんまち》）、事務局次長・久保山啓介（専従）。

役員は、1975年以降、副会長に田口栄蔵（芦北町《あしきた》女島）、田中正巳（水俣市茂道）、稲吉秋義（芦北町佐敷《さしき》）、山下嘉誠（水俣市北袋）、大山正司（水俣市茂道）、濱崎初彦（御所浦町《ごしょうら》嵐口）、竹部長吉（御所浦町嵐口）、野村盛清（田浦町小田浦）、川添正勝（芦北町計石《はかりいし》）、大浪昭一（田浦町波多島）、山下蔦一（津奈木町岩城）、藤門光俊（御所浦町嵐口）、成松之次（芦北町計石）、中森隆満（芦北町湯浦）が、総会のつど加わった。

また、会長は、1983年に開田幸雄が代行を務めたのち、翌1984年から竹本己義が務めた。

事務局には、発足当時から松田繁子が携わり、1980年に中山裕二（専従）が加わり、83年には野中重男、後に山近茂、中山恵美子、草野信子が加わった。なお中山は1987年から事務局長を務めている。

発足当時の活動の様子が、水俣病訴訟弁護団が発行していた「弁護団だよりNo.53　1973年6月1日付」で、「活動すすむ水俣病被害者の会」として紹介されている。発足後1か月で会員が350名以上になったこと、認定申請に必要な診断書を書いてもらう医師を確保するために要請にまわっていること、認定申請を棄却された場合、行政不服審査請求や裁判をしていることなどである。

第二次訴訟は6年間の審理をへて、1979年3月熊本地裁で判決が下された。

判決は、原告14人中12人を水俣病とした。認められた12人のうち11人は、熊本県知事もしくは鹿児島県知事から水俣病ではないとされた患者だった。

水俣病被害者の会は、チッソとの間で結んだいわゆる補償協定書に付随する確認書で「潜在患者の発見については、チッソは、今後このやり方について話し合いを行いルールを確立する」（1974年1月8日）としていた。この確認書に基づいてチッソはこの判決で水俣病とされた患者たちについて話し合いをし、ルールをつくり上げなければならない立場に立ったのである。


ところが判決後、交渉に訪れた被害者の会の代表に対し、環境庁に続いて熊本県公害部長は「司法と行政の認定基準は違う」と言い放ち、司法判断を無視して水俣病の「二重基準」を強弁する。また、チッソは控訴したので、話し合いによって解決に向かう時機を失してしまった。国と熊本県、チッソは認定申請をしている被害者を切り捨て続けることを宣言したのだ。

福岡高等裁判所に舞台を移し、原告は次々と行政認定をされていった。残った4人に対し、1985年8月16日に判決が言い渡された。

「昭和52年の判断条件は前述のような広範囲の水俣病像の水俣病患者を網羅的に認定するための要件としては、いささか厳格に失しているというべきである。要するに、昭和52年の判断条件が審査会における認定審査の指針となっていて、審査会の認定審査が必ずしも公害病救済のための医学的判断に徹していないきらいがあるのも、前記協定書の存在がこれを制約しているからであって、少なくとも前記協定書に、極めて軽微な水俣病の症状を有するものも水俣病として認定されることを予測し、その症度に妥当する額の補償金の協定が定められていたのであれば、審査会における水俣病の認定審査も水俣病の病像の広がりに応じてそれなりの対処ができたものと思われる」とした。

これに対し、被害者の会は、チッソと環境庁（当時）と繰り返し交渉を重ねた。判決が確定し、また環境庁は石本茂長官がチッソの上告は意味がないと指導して、チッソは上告を断念した。

この判決は、医学的装いをもって、大勢の認定申請者を切り捨ててきた行政と加害企業の政策を根底からくつがえすものとなった。

ところで、この判決をへて、1986年6月から特別医療事業が開始された。行政がいうところの水俣病でないものの四肢末梢の感覚障害を有することが公的検診で確認された認定申請者を対象に「特別医療事業手帳」を交付し、健康保険の自己負担分を行政が助成する制度である。

これによって、医療費は確保しながら、水俣病かどうかは裁判で争うというたたかいが可能になった。

■水俣病第三次訴訟提訴前夜の状況

1979年3月の第二次訴訟熊本地裁判決後、原告団を先頭に、被害者の会は、チッソや熊本県、鹿児島県、環境庁（当時）との交渉を重ねていた。棄却処分の誤りを認め、原告らを直ちに認定するよう求める被害者の会に対し、相手方からの回答は、「司法と行政の認定は違う」とするものだった。

ところで、1977年、環境庁は水俣病の判断条件を示した。これは、今に続く水俣病患者切り捨ての誤りの根源なのだが、同じ時代には以下のような動きがあった。

判断条件で大勢の被害者を行政政策として切り捨てる一方で、加害企業であるチッソに対しては、存続の危機をあおりつつ、熊本県債という名前の金融支援の仕組みをつくった。世論対策としては、熊本県議会議員や週刊誌などによる「ニセ患者」キャンペーン、すなわち当時、裁判などをして救済を求めている被害者は、金欲しさの偽物だと喧伝《けんでん》。また、オイルショックからの回復をめざす政府がすすめる「第3次全国総合開発計画」によって、国道3号線の拡幅など水俣にお金が落ちる仕組みもつくられた。

水俣病は終わった過去のことであり、これからは、チッソ存続を中心に地域の発展こそが重要という大きな流れがつくり出されたのだ。水俣病の被害者運動にとって、一番厳しい情勢だったかもしれない。しかも中心となったのは、県知事から水俣病ではないと否定された被害者であり、まさにゼロからの出発となった。

■第三次訴訟提訴

第二次訴訟の控訴審が始まったところで、前記のような対応を繰り返す行政に対し、裁判を提起する議論が始まった。第二次訴訟の解決をめぐる交渉のなかで、チッソにかわって前面に出てきて、被害者救済を拒否する国と熊本県に対する怒りが沸き上がった。認定申請者を切り捨てることによって水俣病を終わらせようとする国と熊本県をチッソとともに被告に据える国家賠償を求める裁判を開始するという議論に発展していった。

このような状況のなか、1980年2月18日、百間公民館（水俣市百間町）は集まった原告希望者で埋まった。訴状の勉強会を繰り返してきた確信のもと、弁護団の説明を聞き、原告団結成を確認した。

選出された役員は、次のとおりである。

団長には橋口三郎（出水《いずみ》市名護）、副団長には本田清一（八代《やつしろ》市二見洲口）、竹部長吉（御所浦町嵐口）、事務局長に横山義男（田浦町田浦町）を選出。事務局長は、翌年田上《たのうえ》浩（水俣市月浦）に交代した。副団長は、原告団が大きくなっていくにつれて、次のように新たに選出し、体制を強化していった。

大丸清一（田浦町）、林田太四郎（津奈木《つなぎ》町赤崎）、坂崎徳太郎（芦北町計石）、野村盛清（田浦町小田浦）、豊田実（芦北町計石）、中尾賢一（水俣市陣内）、平口吉夫（水俣市陣原）、山本康夫（芦北町湯浦）、山下蔦一（津奈木町岩城）、小崎善喜（芦北町計石）、鶴崎次信（田浦町海浦）、森

第三次訴訟提訴（1980年５月21日、熊本地裁前）。北岡秀郎氏提供

葭雄《よしお》(田浦町小田浦)、成松之次(芦北町計石)、藤門光俊(御所浦町嵐口)、中森隆満(芦北町湯浦)。

また、忘れてはならない世話人として、大石長義(田浦町小田浦)、中村勘太郎(芦北町鶴木山)、釜秋男(芦北町釜)、福山廣年(津奈木町福浜)、森豊喜(水俣市袋)、村上政盛(御所浦町嵐口)、宮脇東助(御所浦町嵐口)、吉永文男(御所浦町嵐口)などがいる。

第三次訴訟は、１９８０年5月21日提訴された。原告は未認定の患者・遺族85人、被告はチッソ、国、熊本県の三者。請求額は13億８０００万円。

チッソとともに、初めて国と熊本県の水俣病についての「発生」「拡大」「放置」「切り捨て」の責任を問い、これに加えて、被害者の会の議論では不知火海をよみがえらせる事業を国の責任においてすすめたいという思いも込められた。

これまで、患者認定の権限、資料、判断のすべてを行政が独占してきた。また国や熊本県が認めた以外は水俣病患者ではなく、患者認定を求めている申請者は、一気に切り捨てられ、救済は拒否され続けていた。

これに対し、大勢の患者が原告になることによって、裁判所で事実上の患者救済の仕組みをつくっていくこと、しかも県外に移住した被害者の救済と世論喚起のためにも全国的なたたかいに発展させなければならないというのが、原告たちの決意だった。

翌１９８１年7月30日に第2陣、１３５名が熊本地裁に提訴する。１９８２年6月21日には、新潟水俣病被害者の会が、94名の原告団で、昭和電工とともに国を被告とする新潟水俣病第二次訴訟（原告団長、五十嵐幸栄）を提訴。また、1984年5月2日、不知火海沿岸地域から首都圏に移住していた6名を原告に水俣病東京訴訟（原告団長、渡辺幸男）を提訴した。

■水俣病全国連の結成とふたつの法律事務所

そして、この年の夏、8月19日第7回水俣病現地調査の総決起集会のなかで、熊本、鹿児島、新潟、東京の水俣病被害者の会と弁護団で、水俣病被害者・弁護団全国連絡会議（略称、水俣病全国連）を結成する。代表委員には、各地の被害者の会会長である、竹本己義（熊本）、橋口三郎（出水）、五十嵐幸栄（新潟）、渡辺幸男（東京）。各地弁護団長の千場茂勝（熊本）、坂東克彦（新潟）、斉藤一好（東京）。事務局長には、弁護士の豊田誠が就いた。

結成された水俣病全国連は、①大量提訴の推進、②全国各地での提訴、③国民世論の圧倒的な喚起を柱に活動をすすめることを決め、そのとおりに活動をすすめた。

水俣病全国連には、1985年11月には京都地裁で、1988年2月には福岡地裁での提訴が続き、6つの水俣病被害者の会と5つの水俣病訴訟弁護団が参加するまでになった。

水俣病全国連の結成にかかわって、特筆しなければならないのは、東京あさひ法律事務所（1986年1月）と水俣法律事務所（1987年2月）の開設である。第一次訴訟のときに水俣市に馬奈木《まなき》昭雄弁護士が事務所を開設したが、それ以来のことだった。水俣病裁判史上初めて、国を相手とするたたかいは、原告の決意はもちろんのこと、弁護士集団にも決意を迫るものであった。原告の強い要請に応えた首都と水俣のふたつの事務所は、この裁判をたたかう最前線の城となる。

■熊本地裁判決

1987年3月30日、熊本地裁は第三次訴訟第1陣判決を下した。判決は、行政の水俣病の発生、拡大責任を厳しく断罪したうえで、昭和52年判断条件は狭きに失するとし、魚介類を多食した疫学的条件があり少なくとも四肢末梢性の感覚障害があり、または症候の組み合わせがあり、これらが他の疾患によることが明らかな場合を除いて水俣病とする判断基準を採用し、行政認定になっていた原告を除く全原告を水俣病と認めた。認容された一時金の平均はおよそ1000万円だった。

また、すでに実施されていた特別医療事業では、解決できないことがあきらかになり、どのような救済の仕組みをつくり上げていくかが、大きな焦点となっていく。

■すべての運動をやりぬき、和解協議へ

1987年10月、水俣病全国連は、水俣病患者、医師、弁護士など36人の要請団をニューヨークの国連本部に送り、国連環境計画（UNEP）に対する申入れ、国連人権救済センターに

対し人権救済の申立てをした。第三次訴訟原告団から柳迫好成《やなぎさこよしなり》、福田アサエが参加。翌月には不知火海沿岸19か所で1000名検診と銘打って、1088名の受診者を得た。この検診には全国から医師110人、看護師74人が駆けつけた。この受診者のなかから、第8陣として289人が第三次訴訟に参加。原告団は1000人を超えることとなった。1989年の水俣病全国連総会で、司法と行政のなかで救済の仕組みをつくることを方針として確認した。

同年9月に細川護熙《もりひろ》熊本県知事（当時）との間で、実務担当者交渉の開始を合意する。実務者間での交渉を重ね、1990年1月には、公平な第三者機関（裁判所）の提案による解決で基本的に合意するという議事録確認をした。

1990年9月、水俣病全国連は、和解による解決をめざして各地の裁判所に要請。これを受けて、9月28日には東京地裁が和解勧告したのを皮切りに11月12日までの40日余りの間に、熊本地裁、福岡高裁、福岡地裁、京都地裁と5つの裁判所が、和解に向けた勧告を連弾する。

しかし国は、10月29日の関係閣僚会議で和解を拒否することを確認した。

このような事態ではあったが、熊本地裁、福岡高裁、東京地裁では、国の参加がないなか、原告と熊本県、チッソとの間で和解協議が開始された。

1991年3月12日、水俣病全国連は、和解協議を開始した5つの裁判所に対し、和解協議に臨むにあたって、①水俣病患者として認め、②医療費・継続的手当（年金）・一時金の三本柱の補償を、③国・県・チッソの責任で、④司法救済制度によって救済をすすめるという方針を提出した。

この年の11月26日、中央公害対策審議会は、環境庁に対し水俣病対策について答申し、いわゆる「ボーダーライン層」に対する医療費と療養手当を支給する「水俣病総合対策医療事業」を提起する。その際の基準は、魚介類を多食した疫学的条件と四肢末梢性感覚障害だった。

■さらに運動をひろげて

前項で書いたように、国連要請や不知火海沿岸の大検診など、これまでに取り組んだことのないたたかいを展開した。

1987年8月、人間の鎖として1900人でチッソ水俣工場を包囲。1991年には7月19日に、国鉄の不当解雇や、じん肺のたたかいをすすめていたみなさんと「根っこは同じ」と協力し、東京の日比谷野外音楽堂で3000人規模の集会を成功させ、翌月11日には、熊本県庁を1000人の人間の鎖で包囲した。10月には環境庁の入る第5合同庁舎と農水省のあるブロックを3000人の人間の鎖で包囲。

1992年5月には、ブラジルのリオデジャネイロで開催された国連主催の地球サミットに50人の代表団を送った。この取り組みでは、事前にアマゾン川上流地域で行われている砂金採掘現場の水銀汚染の調査も行った。また国連宛の水俣病の解決を求める100万人署名の一部を、リオデジャネイロに滞在中の国連担当者に面接の上で届けたりした。この行動には、第三次訴訟原告団長の橋口三郎と被害者の会事務局長の中山裕二が参加している。さらに100万人署名は11月に国連本部に届けた。

1995年2月、清水誠東京都立大学教授、原田正純熊本大学助教授、映画監督山田洋次さんなどを呼びかけ人とし、「学者・文化人水俣病緊急アピール」を公表した。1993年以来取り組んだもので、賛同者は973人に及び、被害者を限りなく励ますものであった。

■裁判官

熊本地裁の相良甲子彦《さがらきしひこ》裁判長は、1987年3月、自らの全人格をかけて、水俣病史上初めて国と熊本県の責任を明らかにする判決を下した。この判決を受け、福岡高裁の友納治夫《とものうはるお》裁判長は、1989年から1995年まで、証人尋問、30回にわたる和解協議など7年間にわたって担当した。熊本地裁で、原告全員を水俣病と認め、チッソとともに国と熊本県の責任を断罪した相良甲子彦判決を受け継ぐものだった。

1993年1月、国は最後まで出席を拒否したが、福岡高裁は、被告らと原告に対し最終和解案を提示。総合対策医療事業の治療費、療養手当のほかに一時金（800万円、600万円、400万円）を補償するという内容だった。国はこの和解案を拒否したが、福岡高裁は可能性がある限り、和解による解決を図るとの立場は揺らがなかった。

友納元裁判長は、2006年6月に水俣市もやい館で行われた、水俣病公式確認50年事業に呼応して開催された「水俣病問題と司法の役割——ノーモア・ミナマタのために」とするシンポジウムで、次のように発言された。

「平成五年の初めに和解協議を締めくくり、また同じ頃に法廷での口頭弁論も終結しまして、以後、裁判所としましては、判決書の作成に懸命の努力を続ける一方で、原告弁護団や患者団体の方々による早期・全面解決に向けての精力的な活動の成行きや政治の動向などを見据えながら、判決の言渡しを見合わせておりました。

そうして、平成七年に入って水俣病問題の政治決着への動きが進展して政府解決策が決定されるに至り、これを受けて、平成八年五月に訴訟上の和解の成立と国及び県に対する訴訟の取下げが行われて、福岡高裁の第三次訴訟第一陣のすべてと、関西訴訟を除く各地の裁判所の訴訟が終了するに至ったことは、改めて申し上げるまでもないところで、『生きているうちの救済』を求められた患者さん達のために、私共の尽力が幾らかでもお役に立てたとすれば、骨を折った甲斐があったというものです。

もっとも、私共が福岡高裁で取りまとめた和解案と政府解決策とは異なりますし、患者さん達による政府解決策の受容れが『苦渋の選択』であったことも承知しており、複雑な思いがありますが、少なくとも私共の努力が、患者団体の結束を促し、関係自治体や住民達さらには一般国民の理解を得ることにある程度は役に立ち、ひいては政府解決策の実現へと繋げ

る役割を果たせたのではないかと、ひそかに考えております。」（『水保病救済における司法の役割』95ページ以下、花伝社）

歴史の要請に懸命に応えようとした友納治夫元裁判長の人間性あふれる発言であり、私たちのたたかいを支えていただいた忘れえぬ裁判官である。

最終和解案の2か月後、1993年3月25日、第三次訴訟第2陣熊本地裁判決（足立昭二裁判長）が下された。国の食品衛生法と水質二法における発生・拡大責任を認めたもので、国と熊本県の責任で水俣病問題を解決することを後押しするものだった。同年11月26日の水俣病京都訴訟京都地裁判決（小北陽三裁判長）も同様だった。

一方で、1992年2月の水俣病東京訴訟東京地裁判決（荒井真治裁判長）は、国、チッソ子会社の責任を否定したうえで、1977年判断条件を追認するなど残酷で不当な判決を下した。3月には、新潟地裁（吉崎直彌裁判長）が新潟水俣病第二次訴訟の判決を下し、原告91名中88名を水俣病と認めたが、新潟水俣病における国の責任を否定した。

■政治解決受け入れを決めた原告団総会

一連の判決や各地の高裁、地裁で繰り広げられた和解協議で、私たちは、福岡高裁最終和解案を武器に幅広い国民世論をひろげていった。1991年3月には、解決の基本原則として水俣病患者であることを認めること、救済の体系は、賠償一時金、継続的給付（恒久対策）、医療費の三本柱であることなど、「水俣病被害者救済解決案」をまとめた。

国会や環境庁に要請を繰り返し、その結果、1995年12月15日、政府解決策を勝ち取って、翌1996年5月、チッソとの協定締結。これを受けた福岡高裁をはじめとする裁判所での和解によって、一連の水俣病裁判は終結した。

ところで、政府解決策を受け入れるかどうかは、原告団のなかで本当に真剣な、かつ重い議論がなされた。

それは、政府解決策が、水俣病としての位置づけが明確ではなく、団体加算金を含めた一時金を450万円とするなど、熊本地裁で平均1000万円の判決をうけた原告からすると受け入れることが難しい内容を含んでいたからである。また、認定申請や裁判の取り下げが条件となってもいた。

1995年10月28日（土）午後1時から、当時新築されたばかりの水俣市立体育館の広いアリーナを会場に781人が参加した、水俣病第三次訴訟原告団（熊本原告団）、水俣病東京訴訟出水原告団（鹿児島原告団）の合同総会が開催された。政府が示した当時の水俣病問題の解決案を原告団として受け入れるかどうか、意思決定の場面である。

合同総会に先立って、事前に何度も役員会を開き、議論を重ね、地域ごとにおよそ40か所で、原告のみなさんに集まってもらって環境庁案を説明してまわった。この時に気を配ったのは、疑問に答えつつも結論的なことを言うのではなく、受け入れるかどうかは、1803人の原告の総会での議決に委ねるとしたことである。

総会当日は、午前中に午後の総会にどのような提案をするかを決める世話人会を開催し、そこでの結論に対応できるよう、ワープロと印刷機を持ち込んだ。この世話人会で受け入れを確認し、橋口原告団長がその旨の提案をすることになった。

出席781人に委任状617人を加えた1398人の判断は、受入れに賛成が1374人（うち原告団長あて委任状617人）、反対4人、棄権20人という結果。

政府解決策には、原告全員の同意が必要とされていたので、反対と棄権された方々を訪問し、最終的に全原告の同意を得ることができた。これまでのどんな取り組みをも越える、いろいろな思いが錯綜した原告団総会となった。

■エピソード

原告団長の橋口三郎は、2014年88歳で亡くなった。第三次訴訟原告団結成時から終結まで一貫して団長職をつとめ、常にたたかいの先頭に立ってきた。

実は、前記の原告団合同総会の1週間前、1995年10月21日、入院中の妻はじめが急逝した。1週間後の原告団総会での意見集約や方針提起は、橋口団長を除いて、他にできる者はいないと思っていた。

中山は親族のみなさんと一緒に通夜、葬儀に参列したが、橋口団長が出席できなければ、総会を延期する腹を決めていた。橋口団長が下した決断は、初七日を27日に行い、総会は予定どおり開催することだった。

このときのことを橋口団長は、ずっと語らなかった。ところが10年ほど前に、橋口団長は、被害者の会の事務所スタッフである草野信子に「中山は鬼だ。初七日も済まないときに出てこいと言った」と言われたそうだ。中山は、それを最高の誉め言葉だと思っている。裁判が始まってしばらくして亡くなった中山の父親と同年の橋口を、父とも慕ってともにたたかっていたので、最高の無理をきいていただいたものと確信している。

■水俣病被害者の会全国連絡会

1997年1月25日、水俣病全国連は歴史的な使命を果たしたとして解散し、これを引き継ぐ水俣病被害者の会全国連絡会（被害者の会全国連）を結成した。

当日の結成宣言では「私たちは、政府の被害者切り捨て政策を転換させ、首相の謝罪を引き出しました。そして原告にとどまらず、1万人をこえる被害者の救済に道を開くなど大きな成果を得ることができました。人間としての尊厳を守り、民主主義を守り発展させる国民的なたたかいの一翼を担うことができたことを、私たちは深い確信とし生涯の誇りとするものです」としている。

この日に選出された役員は、次のとおりである。

代表委員は、各地の被害者の会会長で、森葭雄（熊本）、南熊三郎（新潟）、宇藤正男（出水）、山口正雪（東京）、佐々木一雄（京都）、橋本正光（福岡）、幹事長に橋口三郎、事務局長は中山裕二。

幹事は、熊本の開田幸雄、山下蔦一、中森隆満、成松之次、竹部長吉、藤門光俊、新潟は五十嵐コシミ、小武節子、高野秀男、出水は山下覚、近藤庚、古賀喜久雄、尾上利美、東京は河上エイ子、中込鈴子、京都は尾田朋子、森裕士、山下忠宗、福岡は田中勝子。

会計監査は、川崎清太郎（熊本）、東山政盛（出水）、弁護士の村山光信（熊本弁護団）だった。

なお、各地の水俣病訴訟弁護団は、解散することなく各地の被害者の会の運動に寄り添うこととした。

被害者の会全国連は、水俣病総合対策事業の継続と拡充を求め、他団体とも協力して運動を続け、健康保険や介護保険の対応、更新手続きの廃止など成果をあげた。

多くの会員は鬼籍に入ったが、現在にいたるも活動を続けている。

まとめ

第三次訴訟は、それまでのたたかいの成果を受け継ぎながらも、ゼロから積み上げたたたかいだった。

1995年当時、「苦渋の選択」とよく言われたが、最前線でたたかった原告は、もっと前向きの自信と、たたかってきたことについての確信をもっていた。裁判所の判断を仰ぐことで、患者補償について行政の独占を阻止し、政府が認めた以外にも多数の被害者が存在することを明らかにして、大量切り捨て政策を転換させたのである。その際の救済の基準として、汚染された魚を食べた事実と、四肢末梢の感覚障害があることとされた。これは、従来から患者たちが訴え続け、県民会議医師団が確立した病像であり、裁判所の見解とも一致するものだった。

このたたかいをすすめるなかで最も心を砕いてきたのは、被害者の会、原告団の民主的な運営と組織内民主主義である。毎月の世話人会はもとより、どのような場面でも集団的な議論を行い、時々の方針を決めてきた。チッソが水俣病を引き起こした時に最も欠けていたのは、社内の民主主義だと思うからだ。国も県も同様である。

その結果、2000人のたたかいが、1万1000人の救済に道をひらいた。原告たちのまさに人生をかけたたたかいの大きな成果だった。

このたたかいは、2004年の水俣病関西訴訟の最高裁判決につながり、その後のノーモア・ミナマタ訴訟にもつながっている。

水俣病をめぐる情勢の厳しいときに、国を相手に雄々しく立ち上がり、粘り強くたたかい抜いて、現在にいたる被害者救済の道をつくるために駆け抜けた数多《あまた》の原告たちの生きざまに心からの敬意を捧げるものである。

（二）先人たちのたたかいを引き継いで

瀧本　忠（ノーモア・ミナマタ国賠訴訟原告団事務局長）

水俣病被害者救済のたたかいは、加害者であるチッソ、国、熊本県が「水俣病の被害隠し」に奔走するなかで、被害者自身が傷つけられた体に鞭《むち》打って立ち上がり、地域のなかにある差別や偏見を乗り越え、血と汗と涙を流し続けながら勝ち取ってきた歴史である。

そのたたかいは、水俣病公式確認から60有余年に及び、けっして平坦で単純なものではなく、時代背景や政治情勢に翻弄され続けたたたかいでもあった。

人には、一人ひとりにかけがえのないいのちが宿っており、一つひとつのつつましい営みと人生がある。水俣病被害者救済のたたかいは、このようなつつましく生きてきた人たちの闘争史であり、一つひとつのたたかいが、次々と新たな歴史的なたたかいを準備してきた。

1995年の政治解決後に約1万5000人が救済され、一旦収束したかのように見えた水俣病被害者救済だったが、水俣病の被害は、多くの人たちの想像を超え、不知火海一円に広がっていた。取り残された被害者たちが、2004年の最高裁判決後、新たなたたかいを始めることになる。

自分の症状に苦しみ続けながらも、差別と偏見が渦巻く地域のなかで押し黙っていた人たち、自分の症状が水俣病であることも知らされず不安のなかで過ごしてきた人たちが、すべての水俣病被害者を救済しようと立ち上がったのだ。

ここでは、最高裁判決以降、すべての水俣病被害者の救済を求めて立ち上がった人たちを紹介したいと思う。たたかったすべての人たちには、一つずつの物語がある。

このようなたたかいが、一つの公害被害者救済闘争史として歴史に刻まれるとともに、「いのちを守る」新たな後世のたたかいを準備していくことになるだろう。

水俣対岸の天草の救済を広げて

御所浦島は、不知火海に浮かぶ人口3600人ほどの大小18の島からなる、熊本県唯一の離島だ。最盛期の人口は1万人を超え、古くから漁業の盛んな島で、住民の大半が漁業で生計を立てている。山口広則は、1953(昭和28)年10月、8人兄弟の6番目として生まれた。1968(昭和43)年に中学校を卒業し、5年間の大阪での生活を除けば人生の大半を御所浦島で過ごし、2年間の巻き網船での従事を除き、建設業に従事してきた。

小学校のころよりこむら返りがあり、周りの同級生も同じ症状を持っており、これが普通だと思って過ごしてきた。17歳のころには、手足のしびれやちょっとした段差でつまずくようになり、建設現場で転倒することが多くなった。現在は、耳鳴りが以前よりまして悪化しており、耳鳴りで眠れない時は、娘にカセットラジオのスイッチを入れさせて音楽をかけながら寝ることが多くなっている。また、しびれも一日中感じるほどに悪化。味覚障害もあり、特に辛みを感じにくい。うどんを食べるときは、汁が真っ赤になるほど唐辛子を入れないと辛みを感じず、うどん屋で店員から嫌な顔を何度もされたと言う。

水俣病との関わりは、２００５年2月ごろに嵐口の漁協の2階会議室で行われた、水俣病説明会から始まる。山口にとっての水俣病は、テレビを通じて知らされた劇症患者の姿であって、それ以外で水俣病患者と騒いでいる者は、「アル中かニセ患者。なんで御所浦の者が水俣病患者なものか」という認識だった。１９９５年ごろに、親戚が両親に対し申請を勧めたが、山口自身が「うちは、そげんとは関係なか」と頑強にはねのけた経緯がある。

そういう認識でありながら、説明会に参加したのには、病気がちで病院通いが欠かせない妻の存在があった。説明会で聞いた症状が自分にも当てはまるところがあり、劇症型以外にも水俣病の症状があることにはじめて気づかされたのだ。最初は半信半疑の状態だったが、患者会の活動や学習によって、それは確信となっていった。

親戚や知人を訪ね歩き被害者の掘り起こしを進めたが、別の患者会の関係者から「お前たちが水俣病をしてなんすっとか」など、嫌味や中傷を受けることもたびたびだった。

掘り起こしが御所浦から天草本島におよぶと、天草本島の取りまとめも行うようになってい
った。このころには、生活の多くを患者会活動が占めるようになり、仕事との両立が困難にな
ってきていた。そうしたなか夫人が病に倒れ、育ち盛りの子ども3人をかかえながら、昼の活
動が終わると、夜は夫人の看病のために病院へ詰め、帰ると子どもたちの面倒と、身体的、経
済的にも非常に苦しい状況に陥った。役員の辞退を申し出たが、会長からも「天草をまとめら
れるのは、山口さん、あんたしかおらん。なんとか、このまま頑張って欲しい」と懇願され、
経済的な裏付けもないなかで、役員を継続することとなった。

山口がこのような状況下でも活動を継続することを決断したのは、健康被害に苦しむ被害者
たちの存在と、それを放置することができないという山口の責任感からだった。

山口をはじめ多くの人たちの奮闘で、多くの被害者を天草でも救済できた。

山口は、「自分の生活や家庭を犠牲にしたのかもしれないが、いのちがけで水俣病被害者救
済のためにたたかってきたという自負がないわけではない。しかし、いまだ達成感はない。自
分としてやり残していることがあるといつも考える。ノーモア・ミナマタ第2次訴訟が解決し
全面解決を見ないと、自分のなかでの本当の達成感は出ないだろう」と言う。

「すべての水俣病被害者」が救済されない限り、山口にとっての水俣病のたたかいは終わら
ないのだろう。

誹謗中傷を乗り越えて——漁協組合長のたたかい

倉岳町《くらたけ》は天草上島のなかほどに位置し、不知火海に面した人口3400人ほどの町。真珠養殖や漁業が盛んで、少し内陸部に行けば田畑が広がる農村地帯もある、のどかな町である。

満州生まれの蛭子本臣偵《えびすもとおみさだ》は、出征していた父親が戦死したため、終戦間際の昭和20年、1歳のときに、3人の姉とともに母親に連れられ父親の実家のある倉岳町に帰ってきた。

母親は、戦後の食糧難のなか苦労を重ね、少しばかりの畑と魚の行商で4人の子どもたちを育てあげた。1959（昭和34）年中学校を卒業した蛭子本は、隣町（龍ヶ岳町《りゅうがたけ》）の真珠養殖会社に9年ほど勤め、その後は、八百屋、鮮魚販売、養殖業、運送業などを営み、現在は漁協の組合長の傍ら養殖業を営んでいる。

水俣病との関わりは、自宅ポストに投函された健康調査を呼びかける1枚のビラから始まる。ビラに書かれた水俣病の症状が自分の症状と合致しており、驚いた。蛭子本はすぐに検診事務局に問い合わせた。それまで漁民騒動など水俣病に関してはある程度の認識はあったものの、水俣病患者は劇症患者だけと思っており、ビラを見るまでは、直接自分たちと関係ないと思い、関心さえもなかった。

「自分だけでなく、周りの漁民にも必ず自分と同じ症状があるはずだ」、そう考えた蛭子本は、漁民を救済するために自分として何ができるかを考えた。「多くの人に調査を受けてもらう、それしかない」。水俣病闘争支援連や不知火患者会の協力を得ながら、各地の地区長と連絡をとり、常会の日程に合わせて健康調査への参加を呼びかけてまわった。また知り合いの漁協長を訪ね、説明、説得を行っていった。蛭子本の活動した範囲は、姫戸町から宮野河内《みやのがわち》まで及ぶ。天草は、政治的に保守層の強い地盤であり、倉岳町も例外ではない。漁協の組合長でもある蛭子本が水俣病の活動をやることに、周りが黙っているはずがなかった。訪問した先で、「お前は、金目当てでしちょっとだろ」とテーブルをバンバン叩きながら言われたり、「そのうち、右翼や暴力団からやられるぞ」と脅しを受けたりした。組合員からは「組合長は、組合の仕事はせずに、水俣病んことしかしちょらん」と非難を受けたこともあった。妻からは「年金暮らしで大変なんだから、金になる仕事をしてくれ」と言われたりもした。

さまざまな批判を受けながら、蛭子本は活動を続けた。何がそこまで蛭子本を突き動かすのか。「金や名誉じゃなかよ。みなさんのためよ。良いことだから、住民のためになるけん、やってるだけ」と言う。蛭子本にとっては、当たり前のことをやっているに過ぎないということだ。

救済が進むにつれて、周囲の反応にも変化が起きてきた。当初批判した人のなかには蛭子本を訪れ、手続きを依頼する人も出てきた。

水俣病に取り組んできて、いま、「仲間が救済されて本当によかった。何も恥じることはない。人生で最大の事業をやらせてもらった。天からの授かりものだったと思う」と言う。手足のしびれやこむら返り、難聴は以前にもまして、悪くなっている。持病の緑内障も進み、右目はほとんど正面しか見えない。しかし、蛭子本のもとには、今でも地域や地元出身の県外在住者から相談が来る。相談がある限り、水俣病の活動はけっして辞めないと決意している。

汚染魚を売ってしまった苦しみを乗り越えて

鹿児島県伊佐市は、水俣市から約20キロ離れた人口約2万6500人の小さな町である。水俣病原因企業であるチッソは、この町に設立された曾木《そぎ》発電所から始まった。伊佐市は、米どころとして有名で、その寒暖の差によってうまみを増すといわれる「伊佐米」は、大阪鮨のシャリとして、大阪からわざわざ買い付けに多くの人が来ていたと言う。

現在82歳になる村上文枝が住んでいる布計《ふけ》は、伊佐の中心部から、さらに約15キロ山のなかに入った小集落である。全盛期は近くに布計金山を抱え、100名が暮らしていたが、現在は19人ほどの高齢者が暮らす限界集落となっている。

村上文枝は、1949（昭和24）年に布計に嫁入りし、生鮮食品や雑貨類をこの地域で一手に引き受けていた村上商店を切り盛りすることになる。義父が水俣に行き、日用品や丸島港に水揚げされた魚介類を大量に仕入れていた。水俣で仕入れた魚はトロ箱15杯ほどにものぼり、当時水俣から鹿児島県栗野まで走っていた国鉄山野線で布計駅に運ばれた。国鉄山野線は、水俣と伊佐との間を結ぶ重要な交通路であり、毎日多くの人と物資が行き交っていた。特に、水俣から運ばれてくる新鮮な魚介類は、伊佐市の人たちにとって重要なたんぱく源で、列車に同乗している「めごいない（天秤かごに魚介類を入れ、地域で売ったり、米などと物々交換を行っていた人たち）」が数人ずつ持ち場の停車駅で降り、各地域で魚を売りさばいていた。

文枝が体調の異変に気づくようになったのは、1968（昭和43）年38歳ごろで、朝起きるときに足がしびれたり、身体全体がだるく、時には、トイレにいくにも這っていくような状態が続き、毎日辛い日々を過ごしていた。どうしようもなく近くの病院を受診し入退院を繰り返したが原因がわからず、大学病院で検査も受けたが「原因不明」「奇病」と言われ続けた。いつ死ぬか分からないとの思いは、ますます強まり、悶々とした日々のなかで「自殺」を考えたことも数えきれないと言う。

ところが、2012（平成24）年4月7日、県民会議医師団による布計地区の水俣病集団検診があるとの情報で検診への誘いを受けた。それまでは自分の症状と水俣病を結びつけることはまったくなかったそうだ。しかし、体の異常と苦しみが続いており、新たな医師に診てもらうのもいいかもしれないと思い検診をすることにした。

この検診で、「水俣病」との診断を受ける。思いもよらぬその診断に驚き戸惑うとともに、「奇病」と言われ続けた病気の原因がはっきりしたことへの安堵感のような気持がわいてきたとも言う。

検診後、水俣病の救済を求める誘いも受けたが、ずいぶん躊躇《ちゆうちよ》した。経済的に不安があるわけでもなく、この年になって裁判などして、子どもたちからなんと言われるかわからないという気持ちが強く、何日も悩んだそうだ。

いろいろな思いが交錯するなか、自分たちが、知らなかったにせよ、水俣の汚染された魚を大量に売ったことによって地元の人たちが水俣病になって苦しんでいることへの後悔と自責の念に駆られ、眠れなくなってしまった。また、あるときこの地域で、自分が魚を大量に売った人が、水俣病の特措法で救済されたと耳にしたときは、心からの安堵感に涙が止まらなかったと言う。

そして、地域で同じ苦しみを持つ人たちと一緒にたたかって、その人たちの救済にために生きることが、その償いであり、自分に残された余命における使命であると決意し、裁判に加わることにした。高齢で、足も思うように動かない体ではあるけれど、自分にできることはあらゆることをやろうと決心しており、水俣病の被害を環境大臣に訴えるために上京もした。

村上は、わずか19人しかいない山奥の小さな家に一人住みながら、裁判や集会に参加し、「私が苦しめてしまった被害者の人たちがすべて救済されるまで、私は生き抜き、たたかい続ける」と語る。

3世代の苦しみを乗り越えて——年代差別を許さない

水俣から国道3号線を八代方面に約25キロ走ると芦北町海浦《うみのうら》に着く。ここは、水俣病汚染地域に指定されている小さな漁師町で、約630人の人たちが住んでいる。不知火海をはさんだ正面には上天草市姫戸町を望める。

鶴崎明成は、1972（昭和47）年にこの海浦に生まれた。

現在こそ漁協組合員が5、6人の小さな漁村だが、昭和30年代ごろは、50艘以上の船がひしめき合い、芦北湾、水俣湾から出水灘《なだ》まででかけて、エビ、アジ、タチウオ、コノシロなどを大量にとっていた。

明成の祖父は1917（大正3）年生まれ（すでに死亡）、父は、1939（昭和14）年生まれ（現在78歳）で親子2代にわたって漁業を営んでいた。

祖父は、1973（昭和48）年に水俣病の行政認定を受けている。両手の中指から小指までが手の平にくっつき、箸でごはんが食べられないので小さなおにぎりを親指と人差し指でつまんで食べていたと言う。

父は、水俣病第三次訴訟の原告で、1995年の政治解決で救済された水俣病患者である。父は中学を卒業して漁師となり、魚が売れないどん底の生活だったころの1959（昭和34）

年、チッソに漁民がなだれ込んだ漁民騒動にも19歳で参加した。20歳ごろから頭痛がひどくなり、耳鳴りや体全体の倦怠感で船にも乗れない状態になったが、家族を守るために必死に働いてきたと言う。

明成は、漁師の家ゆえに幼少のころから、魚ばかり食べていた。離乳食になると、少しでも元気になるようにと魚をミキサーにかけてスープにして食べさせていたと、明成の母は言う。

体調不良に気づいたのは、明成が5歳のころからで、「キーン」という金属音の甲高い耳鳴りが続くようになった。温度や痛みを感じることもできず、風呂に入っても温まることができないのに、のぼせて鼻血を出したことも一度や二度ではない。小学生になると手の震えが出るようになり、文字を書くとき手の震えが止まらないので、同級生から「アル中」などとからかわれていた。また、何でもないところで転んだり、扉や机に手足をよくぶつけるので、「あほ」「ばか」「どじ」などとあらゆる誹謗中傷を受け、学校では、同級生たちから「しかと（無視）」され続けた。

家では、祖父が認定患者、父母も医療手帳をもっているが、水俣病の話をすることはなく、ましてや自分自身が水俣病であることなど考えもしなかった。

しかし、2010（平成22）年、水俣病特別措置法が始まったとき、父親から勧められ、水俣病の検診を受けることにした。そして、診察した医師から「水俣病」の診断を受けたのだ。

そのときは、大変なショックを受けたが、水俣病であればきちんと補償してもらう必要があると思い特措法に申請する。

ところが、非該当との通知が届いた。患者会の事務局に問い合わせると、明成が生まれた時点では、すでに魚介類が汚染されていないとされ、国が定めた年代外だからということだった。地域にもまた線引きがあることを聞かされた。海や陸に国が勝手に線を引いたり、年代に線を引いたりできるはずがない。また、水俣病ではなかったら、自分の症状はいったい何という病名なのだろうか？　これまでいろいろな病院に行ったが、まともな病名を付けてもらったことなどなかった。

明成は、「こんな不合理なことを絶対許さない」、その一心で裁判に加わることにした。水俣病は、祖父や両親、そして自分たち兄弟と3代にわたって、いのちや健康、生活など、豊かなはずの人生に大きな被害を与え続けている。体調不良でまともに仕事にも就くことができなかった。体の不調で多くの差別や偏見のなかで苦しい思いをしたことも数知れない。しかし、被害を与えた加害者は、罪の意識もなくのうのうと暮らしているのに、罪もない自分たちがなぜこんなに苦しみ続けなければならないのか、不条理そのものだと言う。

明成は、「この不条理はけっして認めたくない。そのために、これからもどんなことがあってもたたかい続ける」と決意をしている。

2 【座談会】今日の水俣病裁判の課題と展望

司　会／板井　優（水俣病訴訟弁護団事務局長）
発言者／園田昭人（ノーモア・ミナマタ第2次国家賠償等請求熊本訴訟弁護団長）
尾崎俊之（　同　東京訴訟弁護団長）
徳井義幸（　同　近畿訴訟弁護団長）

各地の裁判の進行状況

板井優　最初に、みなさんが関わっている裁判について、裁判所名、原告数、初回の提訴年月日、原告団長名、常任弁護団の数なども含めて簡単にお話ししてください。

徳井義幸　近畿訴訟弁護団長の徳井義幸です。ノーモア・ミナマタ第2次国家賠償等請求近畿訴訟を、2014（平成26）年の9月29日に大阪地方裁判所に提訴しました。この間8回にわたって追加提訴しており、現在原告数が122名ですが、先だって集団検診を行い、そこで水俣病と診断された8名が新たに原告になると決意され、私たちと委任契約を結びました。2018（平成30）年1月に第9陣の提訴をしますので、トータルすると130名になる見込みです。

近畿訴訟の原告団では団長を設けておらず、出身地別、あるいは居住地別にそれぞれ世話人さんをおいて運営しています。常任弁護団の数は現在15名です。

私と水俣との関わりは、政治解決したと言われている水俣病第三次訴訟からです。かつて集団就職などの理由で熊本県・鹿児島県から近畿に移住された方が、京都地方裁判所に提訴しました。この京都訴訟の弁護団の一員になって以来、水俣に関わっています。

尾崎俊之　東京訴訟弁護団長の尾崎俊之です。私も、1980（昭和55）年に熊本で水俣病

板井優弁護士

第三次訴訟が提訴されたあと、東京でも起こそうということで、1984（昭和59）年に東京近辺に住んでいる人が原告になり東京訴訟を提訴しました。このとき、鹿児島県出水市出身の原告の方がいたことから、のちに出水市在住の被害者の裁判も合わせて東京でやることになり、以降、水俣病に関わってきています。

ノーモア・ミナマタ第2次国家賠償等請求東京訴訟は、2014（平成26）年8月12日に東京地方裁判所に提訴し、それ以後第4陣までは同じ裁判所に併合されていました。ところが、今年（2017年）4月に提訴した第5陣について、現在の裁判部が併合しないという扱いにしたため、「併合してほしい」という要請行動を継続して行っているところです。

原告団長は吉竹直行さん、原告数は第1陣から第4陣までの67名と第5陣の9名、合わせて76名です。弁護団は近畿訴訟と同じく15名います。

園田昭人　私は1987（昭和62）年4月に弁護士登録をして、同時に水俣病訴訟弁護団に参加し、水俣病問題に関わることになりました。2005（平成25）年10月にノーモア・ミナマタ国賠訴訟の原告弁護団に参加して原告弁護団長に就任し、さらに、2013年6月にノーモア・ミナマタ第2次国賠訴訟の弁護団長に就任し現在にいたっております。

ノーモア・ミナマタ第2次国家賠償等請求訴訟は、2013（平成25）年6月20日、熊本地方裁判所に提訴しました。現在の原告数は1311名、原告団長は森正直さん、常任弁護団は43名です。

板井　それぞれの裁判の進行状況をお尋ねします。どこの訴訟でも、原告が水俣病特措法で救済されなかった人たちであることや、国の定めた対象地域外であることが問題になっていると思います。これをどう克服しようとしているのかという点をお話しください。

徳井　近畿訴訟では、これまで10回の口頭弁論が開かれています。国の責任やチッソの責任については、すでに最高裁の判決が確定しているため、証拠書類関係は提出し終えています。現段階は、「水俣病」とはどういう病気なのか、どういう診断基準で判断すべきなのかという、「病像論」と言われている部分について、準備書面でのやりとりをしているところです。特に国側が、「公害をなくする熊本県民会議医師団」が作成している「共通診断書」自体を信用できないと主張し、執拗な攻撃を加えてきているので、それに対する反論などを中心に行っています。

もう一つは、全国のノーモア・ミナマタ第2次国賠訴訟全体に共通する課題ですが、いわゆる「対象地域外」に居住している原告さんが一定の割合を占めています。これらの原告さんについては、汚染された魚をたくさん食べて、メチル水銀に曝露したのかということが、大きな争点になっています。これを立証するために、不知火海の水俣の対岸にあたる天草地域の曝露状況について、3弁護団共同の調査を行っているところです。つまり、どういう魚をどんな形でとり、各家庭でどういう摂取状況だったかという調査をして、その結果を証拠化し、順次裁判所に提出しています。

またこれも全国共通ですが、「疫学」を重点におき、裁判所の理解を得ることを課題にしています。メチル水銀に曝露して、四肢末梢性の感覚障害、全身性の感覚障害があれば水俣病との因果関係がある、つまり曝露と症状に因果関係があるという点の立証が大きなウェイトを占めます。そこで、3弁護団共同で学者に意見書作成を依頼して、疫学による因果関係の立証に取り組んでいます。

近畿訴訟の提訴時期は東京訴訟とそれほど違いませんが、裁判の期日が3か月に1回くらいのペースになっているため、主張・立証、証人調べ自体が、具体的にいつごろになるのかという目途が立っていない状況にあり、その具体化がこれからの課題です。

尾崎　基本的には3つの地域と同じ状況ですが、東京訴訟では、熊本訴訟で提出した資料の基本的な部分について、書証をどんどん出してきました。基本的な主張もみな出しています。

これまで15回の口頭弁論を経ていますが、昨年（2016年）11月に交代した裁判長が、今年2月からの審理に関わるかたちで、私たちと初めて会いました。それ以降、第5陣の併合をしない、あるいは訴訟の進行は月2回を原則としてどんどん進めようと言ったり、主張は大体尽きていてあとは立証だけだから、書証として提出しなければならない書類を3つに分類して、早く出せるものから順に出すようにと、立証を強く促してきたりしています。

さらには、「あなた方は因果関係を疫学で立証しようとしているようだが、それが立証できなければ、あとはオール・オア・ナッシングでいいんですね」とかなりはっきりとものを言って、自分のイメージでどんどん審理を進行していこうという様子が見られます。しかも２０１８年中に証拠調べを終えて、２０１９年には判決を書くというスケジュールも明言しています。このままその進行に乗っていくと、かなり危ない面もあります。裁判所と多少の諍《いさか》いが起きてもやむを得ないということで、こちらのやるべきことを粛々とやっていくという対応を原告団・弁護団で確認しています。

板井　東京訴訟では、裁判長が訴訟の進行を相当急いでいるようですが、熊本訴訟の進行状況はどうですか。

園田　22回の口頭弁論を終えて、多数回の進行協議を行っています。特に遠藤浩太郎裁判長になってからは、口頭弁論期日間に進行協議期日を設けて、主張の整理を加速しています。現状は、主張の終盤段階と言えると思います。

争点は徳井団長から説明があったように、要は曝露、症状、それらの因果関係、加えて消滅時効、除斥の成否です。

これまでの裁判の課題と到達点

板井　水俣病に関わる裁判は大変長く続いています。50年くらいの歴史があります。これまでのたたかいを、熊本訴訟の弁護団に代表して述べてもらいます。水俣病第一次訴訟から第三次訴訟の課題と到達点、ノーモア・ミナマタ国賠訴訟第1次訴訟の課題と到達点を簡潔にお願いします。

園田　簡潔にと言っても、50年もの歴史があるので難しいのですけれど、ひと言で言えば、水俣病の患者さんたちが、被害を否定し矮小化《わいしょうか》する加害者に対して、裁判という方法を使って権利の実現を図ってきたという歴史です。

水俣病第一次訴訟とは、急性劇症の患者さんを中心とする行政認定患者が、加害企業チッソを被告として損害賠償を求め熊本地裁に提訴した訴訟です。この訴訟の一番のテーマは、チッソの法的責任を明らかにすることでした。それ以前にチッソと結んだ「見舞金契約」などが「あまりにもひどいんじゃないか」ということで、患者さんたちの正当な権利を実現すること

園田昭人弁護士

が目的でした。到達点としては、1973（昭和48）年3月20日の斉藤次郎裁判長のもとでの判決によって、チッソの責任が断罪されて、法的責任が明確になったという成果を得ました。その成果は補償協定の締結というかたちに結実しています。

次に水俣病第二次訴訟ですが、これは未認定患者さんを中心に、チッソを被告として損害賠償を求め熊本地裁に提訴した訴訟です。この訴訟の主たる目的は、当初は第一次訴訟の支援でしたが、のちに「昭和52年判断条件」に合致しない人は水俣病患者ではないとする行政の対応を改めさせることに移ります。1985（昭和60）年8月16日の福岡高裁判決で、未認定患者さんについても水俣病患者であると認められました。「昭和52年判断条件」を否定するという成果を得たと言えます。

水俣病第三次訴訟ですが、これは未認定患者さんがチッソ、国、熊本県を被告として損害賠償を求める訴訟で、熊本地裁に提訴したものです。この訴訟は、「昭和52年判断条件」による国の水俣病患者大量切り捨て政策を転換させることが、最大の目的でした。原告団、弁護団のたたかいによって、1995（平成7）年、政治解決策を引き出し和解による全面解決につなげるという成果を得ました。

最後に、ノーモア・ミナマタ第1次国賠訴訟ですが、当初は「第1次訴訟」という名前をつけていませんでしたが、後に第2次訴訟を提訴した関係で第1次国賠訴訟と呼んでいます。それまで1995年の政治解決によって水俣病はすべて終わった、とされていたわけです。ところが、未認定・未救済の患者さんたちがまだ多数残されているのではないかという問題意識のもとに、2004（平成16）年の水俣病関西訴訟最高裁判決の後に多数の認定申請が行われたことを背景にして、未救済の被害者の人たちが熊本地裁に2005（平成17）年10月3日に提訴しました。

この訴訟は、未救済の被害者が多数存在していることを明らかにし、そして正当な賠償を得ること、司法手続きによる救済を恒久的なものにすることを目的にしました。到達点としては、1995年の政治解決で終了していないことが明らかになり、水俣病被害者救済特別措置法の立法につながりました。この訴訟自体は和解というかたちで解決にいたっています。

板井　1960年代半ばまでは、国がいわゆる「水俣病」と認定した患者はわずか100名でした。1995年の政治解決で救済された患者が1万数千名、現在では熊本・鹿児島両県で救済された患者が6万9769人（2016年6月末）となり、さらに救済を求める人たちがいます。

水俣病第一次訴訟では行政認定患者が原告になり、第二次訴訟以降は未認定患者が中心になって原告になっているわけですが、未認定患者さんを救済する基準として、一症状・感覚障害による水俣病を明らかにするというたたかいについて、これも熊本訴訟弁護団に簡単に説明してもらいます。

園田　救済基準については、1971（昭和46）年のいわゆる「事務次官通知」ではある程

尾崎俊之弁護士

度広く救済するとしていたものが、「昭和52年判断条件」で厳しくされました。その背景にはチッソの経営難や多数の認定申請者などがあったわけですが、患者を大量に切り捨てる道具として、「昭和52年判断条件」が定められたと言えます。

この「昭和52年判断条件」では、例えば感覚障害にプラスして運動失調がなければいけないというように、複数症状の組み合わせが求められます。これによって感覚障害だけの患者の切り捨てが行われました。この大量切り捨て政策を改めさせるたたかいが重要な課題です。

板井　東京訴訟弁護団に尋ねたいのですが、国が水俣病の判断条件として症状の組み合わせ、例えば感覚障害と運動失調を求めたことに対して、一症状だけの水俣病を救済していくたたかいの意義を、どのように考えていますか。

最終的には1995年政治解決で示された「社会福祉的政策」とでも言えばいいのか、裁判上の水俣病でもなく、行政上の水俣病でもなく、国は、法律上の根拠がなくてもとにかく救済しなければいけないという対応をしたわけです。その点をどう考えますか。

尾崎　そもそも「昭和52年判断条件」が科学的あるいは医学的な根拠を持つものであったのかというと、そうではなく政策的なものでした。そこで、これを乗り越え、四肢末梢性の感覚障害があれば水俣病とする判決が続きました。

そうしたなかで国は、「認定基準には当たらないけれども、水俣病とまったく言えない人たちではない」として表現を多少緩やかにし、「水俣病であると思うのが無理からぬ人たち」という呼び方をして救済するやり方をとりました。そういう意味では、現在の到達点から見ると十分ではない考え方に基づいて、その時々の救済が図られたのだと思います。

それと対比すれば、ノーモア・ミナマタ第1次国賠訴訟では和解によって、少なくとも一応水俣病という名前がついた点では、一歩前進しました。1995年の段階ではどういうものかはっきりせず、そういう意味で「社会福祉的政策」による政治決着と言えるかもしれません。

板井　近畿訴訟弁護団にお願いしますが、すべての水俣病患者を救済する上で、水俣病特措法による一症状（感覚障害）の水俣病の救済について簡単に述べてください。

徳井　園田団長の話にもありましたが、ノーモア・ミナマタ第1次国賠訴訟の大きな成果の一つとして、水俣病特措法が制定されました。この内容を見たときに、いわゆる水俣病の症状としては四肢末梢優位の感覚障害が典型であり、それが水俣病の基底的な症状だとして、この一つの症状だけで水俣病の被害者と扱うべきことを法律で定めたところに、私は非常に大きな意義があると思っています。

さらに特措法は、四肢末梢性感覚障害だけではなく、それに準ずる者も救済していますが、「準ずる者」とは何かというと、口周囲の感覚障害があるか、舌先の二点識別覚に異常があるか、視野狭窄《きょうさく》があるか、を挙げています。これは結局、県民会議医師団の「共通診断書」に挙げられている診断基準と同じなのです。

そういう意味でも、県民会議医師団の取り組み、あるいは被害者団体の取り組み、訴訟弁護団の取り組み、長い間のたたかいの歴史が、この特措法の基底部分に端的に集約的に表現されたのではないかと思っています。先ほど、患者さんは過去最高の約7万人という話が板井弁護士から紹介されましたが、今回の特措法によって3万人を超える人びとが一時金の給付を受けることになっている、ということにも表れていると思います。

ノーモア・ミナマタ第2次国賠訴訟の課題

板井　これまで水俣病訴訟とノーモア・ミナマタ国賠訴訟のたたかいの歴史をふり返って述べてもらいましたが、次にノーモア・ミナマタ第2次国賠訴訟の課題について考えたいと思います。

まず第1に、水俣病特措法ができたのに、なぜ新たに裁判を提起したのかという問題です。第2に、これまでの解決方法には「線引き問題」があると言われていますが、それはどういうことなのか。第3に、今回の裁判で問題にしている水俣病患者と、従来の患者とは異なるのかどうか。熊本、東京、近畿の順に意見を述べてください。

園田 水俣病被害者救済特別措置法はノーモア・ミナマタ第1次国賠訴訟の成果ではあると思いますが、恒久的な救済法として位置づけなかったことなど、いろいろな問題点もありました。それを環境省が利用して、2012（平成24）年7月末で申請受付を締め切るということをしたのです。これは「あたう限りすべての被害者の救済」を目的とする法の趣旨に反しています。その結果またぞろ未救済被害者が生じてしまった。そういうわけで、私たちとしては、未救済被害者がまだいることを明らかにして、権利実現を図るために裁判を提起したということです。

第2の「線引き問題」についてです。線引き問題には2種類あって、一つは「地域による線引き」、もう一つは「年代による線引き」です。

「地域による線引き」とは、御所浦《ごしょうら》から西側の地域、天草対岸の人たちは「地域外」と称されて、そこには汚染がほとんどないとされてきました。その結果、漁業に従事していたことなどを資料等で証明しない限り検診すら受けられない、そういう差別をしてきました。

「年代による線引き」とは、１９６９（昭和44）年12月以降の出生者については臍帯《さいたい》水銀値の資料を出させ、その水銀値が高いということでない限り検診を受けられない、という差別です。

そういう線引き、つまり差別的な取扱いがあったので、それを克服すること、被害を明らかにすることがこの訴訟の大きな課題になっています。

第３の、従来の患者さんと異なるのかどうかという点ですが、それは異なりません。従来の患者さんと何ら異なりませんが、濃厚汚染の時期や場所から、生まれた時期がやや離れているとか、地域的に離れているとか、そういう点で、被害者であることの証明をどうするのかが課題であると言えます。

尾崎　東京訴訟弁護団から第１の問題について補足的に述べますと、水俣病特措法が国会で成立したのは２００９（平成21）年7月8日ですが、この時には救済の内容や金額などは記載されていませんでした。その後熊本地裁が、２０１０（平成22）年3月15日に和解に向けた所見を出します。その所見に救済の内容や方法などが書かれていて、それを受けるかたちで、特措法の具体的な救済の内容方法について「救済措置の方針」がつくられ、「和解」とまったく同じ内容のものが水俣病特措法として出来上がりました。

ただし、２０１２年7月31日をもって締め切ってしまったために、手を挙げられなかった人たちが相当数いたことと、線引きのために落とされてしまった人たちも相当数いたことと、症状を診断してもらえなかった人もいたことから、どうしてもそれらの人の救済のための裁判が必要になり、ノーモア・ミナマタ第2次国賠訴訟を提起することにつながったのです。

第3の被害者のことについてはまったく同意見です。基本的には現在の被害者が以前の被害者と違うということは一切ありません。地域の問題は後ほど改めて述べたいと思います。

徳井　第1の点を近畿訴訟の原告団に当てはめて考えてみると、123名の原告のうち、特措法の申請をした人は40名なのです。3分の2の人は特措法の申請すらしていない、というのが実態です。

ノーモア・ミナマタ第1次国賠訴訟の解決の時にも国に対して申し述べたのですが、県外に転出してしまっていることに伴って、水俣病についての認識度合いが地元の人たちとは明らかに一定の差があります。あるいは医療機関に通院するにしても、水俣病に対して理解している医療機関があるかというと、それもない。またどういう救済システムがあるのかについて、地元と比べると、情報量も少ないのです。県外に移住していることに伴う不利益というのか、ハンディキャップが反映していて、水俣病特措法の申請の機会さえ知らずに現在まで来ている。それで原告になる以外に救済を受ける道がないという面が強いのかなと思います。

板井　次にノーモア・ミナマタ第2次国賠訴訟における水俣病の被害について尋ねたいと思います。そもそも今回の訴訟における水俣病の被害とはどういうものなのでしょうか。主張や立証方法も含めて簡潔に述べてください。

徳井義幸弁護士

徳井　先ほど述べましたが、今回のノーモア・ミナマタ第2次国賠訴訟では、四肢末梢優位の感覚障害のみで（全身性も含めて）水俣病だと診断されるべきだというのが、私たちの基本的な主張となっています。そういう症状に伴う被害をどのようにすれば裁判所に伝えきれるのか。四肢末梢優位の感覚障害と言っても、それが日常生活のなかでどういう意味を持つのか。手足がしびれます、感覚がありません、痛みを感じません、ということが、日常生活で実際にどれだけさまざまな障害をもたらすことになるのかが、なかなか伝わりにくい。

この点はやはり原告一人ひとりが自覚的に、水俣病の被害者であることによって日常生活でどういう困難を抱えているのかを、自分自身で被害を掘り起こす作業をしなければなりません。そうしないと、外へはなかなか訴えていけないのです。

尾崎　感覚障害だけの被害者の場合には、例えば手先の感覚がよくわからないために物を取り落としやすい、そのため危険なことが起きてしまう、あるいは痛くても気がつかないから血が出たのを見て初めて怪我をしたことを知る、という事実の積み重ねを、どういうふうに聴き取っていくかが大事だと思います。

もっとも、必ずしも感覚障害だけにとどまらないで、例えば失調症状もある人など、原告のなかでもいろいろなプラス要因がある人がいます。ふらついて歩いていることを女房に指摘されてわかったとか、自分では気がつかない事実が聴き取りをしていくなかで出てくることもあります。そういう被害を、どう掘り出していくかが大切ですね。

園田　水俣病の被害とは、水俣病に罹患したことによる神経症状、それによる日常生活の支障、精神的苦痛の総体ということになろうかと思います。神経症状の一つとして感覚障害があり、それが日常生活では、熱さ・痛みを感じにくい、しびれ、カラス曲がり、頭痛が頻繁に起こる、というかたちで現れるわけです。その症状が仕事や家庭生活にいろいろな悪い影響を与えて支障をきたす。そしてそのことがさまざまな差別や偏見を生み、精神的苦痛につながっていく。そういうものの総体が被害なのです。見た目にすぐにわかる被害ではないので、丁寧に伝える作業が必要です。

「共通診断書」をベースにして、供述録取書、それから原告本人が言葉で直接裁判官に伝えること。丁寧に丁寧にやっていって被害を明らかにする。これが非常に大事だと思っています。

被害者掘り起こしでの工夫

板井　被害者を掘り起こすこともまた重要な課題になりますが、この点で苦労されたことや工夫したことなどをお願いします。

徳井　近畿訴訟の場合、現状では、原告団の身内の方が、水俣病じゃないかと集団検診に来られて診断を受け、やっぱりそうだったということで原告になられる。率直に言って、そういうルートやパターンに完全に限定されてしまっていて、広く網がかかっている状況には到底なっていません。個別的なつながりでの掘り起こししかできていないのが現実です。

その意味で率直な感想として言うと、まだまだ手の届いていない、潜在している患者さんが、特に県外居住の方の場合には、たくさんいるだろうという思いが強いです。「すべての水俣病被害者の救済」と言ったときに、そのすべての被害者の所在をつかむ手立てが持てていないなかで、どうしていったらいいのかという問題意識だけがあるのが実情という気がします。

板井　東京訴訟はどうですか。

尾崎　結局こちらから被害者を探していくことは基本的にできないので、本人から名乗り出てもらっているのが実情ですが、名乗り出るパターンは2通りあって、一つは熊本の家族から話を聞いて、「あなたもちょっと診てもらったらどう？　と言われたことがあったから、検診を受けてみたい」と連絡してくる人たちが群としてあります。

もう一つは、医療機関に貼らせてもらっている啓発ポスターに「こういう症状がある人は水俣病かもしれないから検診を受けてみませんか」という案内があったのを見て、「なるほど自分にも当てはまるな」と名乗り出てきた人もいます。そういうことで、なんとか検診まで結びつく人たちの群があります。これは次の県外居住被害者の課題にもつながりますが、東京近辺に転出して来ている人たちは仕事をしている人が多く、検診を受けてみようという気があっても実際にはなかなか検診を受けるところまで辿りつきません。検診の機会をつくることが面倒くさくなって、来なくなったりします。そういう方もリストアップはされますが、残念ながら検診を受けないままという人もいます。

板井　熊本訴訟弁護団では、この点をどう考えますか。

園田　被害者の掘り起こしという場合に最初に述べたいのは、裁判原告になってくれる人を見つけ出してきて、裁判につなげるという意味ではけっしてないということです。そのように考えている人が結構いて、それ自体が偏見につながっている気がします。

私たちが「被害者の掘り起こし」と位置づけているのは、いまだに救済されていない方々に検診の場、自分の被害に気づくような場を提供して、そして次に権利実現の手段としては裁判や行政認定申請などがあると選択肢を提示する。そういうことだと思います。

熊本では、地元で長年にわたって水俣病の検診を行ってきた「県民会議医師団」の先生方がおられます。その方々が非常に献身的に集団検診に取り組んでいる関係で、多くの被害者が自分の被害に気づける機会がある、ということだろうと思います。そしてまた驚くべきことに、そうやって被害に気づいた方々のなかで裁判を希望される方が非常に多い。これは他の地域にあまり見られない特色だと思うのです。おそらく水俣病の長い歴史のなかで、裁判というものが高い評価を受けている。それが今回の裁判に立ち上がることにつながっているのではないかと思っています。

とはいえ、それでもまだまだ名乗り出ていない人たち、差別・偏見などがあって名乗り出られない人たちは依然としているので、集団検診の機会や裁判という制度を知る機会を、私たちはつくっていかなければいけないと考えています。

県外居住被害者についての課題

板井　水俣病の症状について、私も少し補足しておきますと、1971（昭和46）年当時の環境庁がつくった判断条件は、明らかに一症状を前提にしています。事実、「一症状の人を救済した」と当時の認定審査員も証言しています。ところが「昭和52年判断基準」は、「一症状の人を救済しない」と言っているわけです。症状の組み合わせがなければだめだと。

これはただ単に国が救済の基準を変えたということではありません。被害をどういうふうに考えていくのかにつながる非常に大きな問題です。先ほど水俣病の差別・偏見の議論がありましたが、病状についての国の方針が、国民に大変な誤解を与えているのも事実であると指摘したいと思います。

次に、東京訴訟と近畿訴訟の弁護団に、県外居住被害者の現状と救済上の問題について尋ねます。この点、水俣市のすぐ北側にある津奈木《つなぎ》町の町長が非常におもしろいことを言っています。「津奈木の町では、現にここに住んでいる人たちのかなりの部分が救済されている」「あと県外に出て行った人たちも救済すべきだ」と。非常に重要なことだと思います。

東京訴訟からお願いします。

尾崎　県外居住被害者の方々にこれまで手を挙げなかった理由を聞いてみると、そもそも自分が水俣病であると意識するにはいたっていないのです。水俣病はもっと大変なもので、自分の症状はそれに比べれば全然問題にならないから、水俣病だなんて思いも寄らなかったと。

意識が薄かったとも言えますが、それなりの年齢になっている人であっても、早くに県外に出ていれば汚染を受けている期間は短いことになるし、若い人であればもともと汚染を受けた期間は短いわけです。はっきりと症状を自覚するのは難しいのではないかと考えられます。加齢によってだんだん自分にもそういう症状があると気がついてくるのではないでしょうか。

その症状についても、感覚障害が多い傾向にありますが、それだけでなく、いろいろなかたちで他の症状も見られる人がいることもまた確かです。

さらに、仕事を抱えている人が多いため、運動に結集してくれるかというと、なかなかそういう余裕がない人が多いように感じています。

症状については自分一人で考えているよりも、他の被害者と話し合うことで自分の被害に対する認識がくっきりと深まるという面があるので、ぜひ被害者同士の交流を強めていきたいと思います。そのあたりがこれからの課題です。

板井　近畿訴訟はどうでしょうか。

徳井　もともとノーモア・ミナマタ第1次国賠訴訟のときに3原告団・弁護団が一緒になって、国との間で和解調書を結びましたが、熊本と近畿・東京とで和解調書が違っているのは、県外居住者については検診の困難や情報量の格差があるため、国・県は極力そういう障害を克服する措置をとることを、わざわざ和解条項の別項に入れたからです。

それに象徴されるように、県外に居住していることに伴う困難をどう克服していくのかは、先々このノーモア・ミナマタ第2次国賠訴訟で何らかのかたちで決着をつけていくことになると思います。決着をつける際には、県外居住被害者の救済について格別の視点を定めないと、いろいろと漏れていく方、未救済のまま終わってしまう方が出るおそれがあることを十分意識しておかなければならないと考えています。

近畿訴訟の原告を見てみると、居住地が2府11県にまたがっているのです。京都府・大阪府以外に11の県です。近畿訴訟が担当しているのは、九州以外の西日本で、名古屋から以西の地域です。その地域の県外居住であったがゆえに救済から漏れてしまったということだけは何とかして避けたい。そういう手立てを意識しておく必要があるという思いを強くしています。

ノーモア・ミナマタ第2次国賠訴訟の解決に向けて

板井　最後に、ノーモア・ミナマタ第2次国賠訴訟の解決というものをどういうふうに考えているのか、みなさんの考えを尋ねたいと思いますが、その前に、問題の所在を整理しておきます。

1972（昭和47）年に、いわゆる「見舞金契約」の時代ですが、原田正純医師によると、当時の熊本県知事が彼に、「1万人くらい救済しようか」という話をしたというのです。ところがその翌年、チッソが倒産する騒ぎになって、急にその話は立ち消えになったそうです。

要するに、救済の水準が低ければ数を増やしてもいい。救済の水準が高くなると数を減らしていく。そういう関係が水俣病の救済問題では常にありました。そういう意味で私は、最終的に水俣病の被害者とは、水銀の影響を受けた人とそうでない人とのギリギリの線だろうと考えています。それをどうやって区別していくのか。これが非常に大きな課題です。

水俣病第三次訴訟第2陣の裁判を担当した足立昭二裁判長が、ある時、水俣病には大気汚染と異なり汚染地域というものはない、汚染魚を多食したかどうかでしかない、と言いました。

今回の裁判で救済対象になっているのは、国が定めた対象地域を外れたいわゆる「対象地域外」に住んでいる被害者たちや、国が汚染がなかったとする1969（昭和44）年11月30日以降に出生・居住した人たちです。この被害者たちの汚染（曝露）について、これまでの被害者とは異なり重い立証責任を課すかどうかが、現在まさに問われています。

しかし、大事なことは、加害者である国が定めた対象地域や年代に被害者が限定されるのかどうかであり、その判断は裁判所ではなく国民がすべきものだということです。すべての水俣病被害者を救済していくために乗り越えていかなくてはならない課題だと思います。

どの弁護団からでもいいのでお願いします。

園田　解決の構図の前に少しだけ述べたいのが、「昭和52年判断条件」がいかに罪深いかということです。行政が認定した人だけが被害者であるとなると、それ以外の人はいったい何なのかという話になります。被害者でもないのに名乗り出ているのは何事だ、金欲しさの申請だろう。そう考える人が出てくる。自分がそういうふうに見られるのではないかと思うと被害者は名乗り出られなくなるし、行政がお墨付きを与えている基準からすれば自分は全然問題にならないと考えて、なかなか被害に気づけないことになる。こういう問題が根本にあって、そこに訴訟では切り込んでいく。救済基準の変更を迫っていくのが訴訟の一つの目的になるだろうと思います。

ノーモア・ミナマタ第2次国賠訴訟でも、共通診断書や疫学的な治験調査結果などに基づいて、曝露、症状、因果関係を徹底的に明らかにすることによって、勝訴判決を得る。その勝訴判決をテコにして全体の解決につなげていく。ひいては恒久的な救済制度を目指して、未救済の被害者が残されることがないような解決を実現していくことが、今回の訴訟の解決の構図として考えられると思います。

板井　いまの園田団長の話を聞いて思い出したのは、熊本大学第2次水俣病研究班が出した報告書のことです。この報告書は主に神経内科の研究者たちが書いているのですが、とても興味深い記述がありました。かつて急性劇症だった人たちを10年後に診たら症状が軽くなっていた。ところが、感覚障害だけはきれいに残っている。運動失調などはだんだん見えにくくなっているが、というものです。

原田正純医師はその点について、脳には代償作用があるから運動失調はだんだん見えにくくなっていくが、しかし自分が診ればよくわかるのだという言い方をしていました。なぜ「昭和52年判断条件」が複数説、組み合わせ説をとったのか。私はじつは、熊大のこの報告書が、感覚障害だけは残るけど、あとはあまり残らないと指摘したことに依拠しているのではないのかと推測しているのです。

そういう意味で、本当の水俣病とはいったい何なのか。こんなに長い時間が経ってしまうとわからなくなることが多々増えてきます。そういうことも含めて、東京訴訟や近畿訴訟の意見を聞かせてください。

尾崎　私はじつは、この問題の本質に関わってきた弁護士が、水俣病被害を特別な問題として捉えすぎてしまったのではないか、という反省をしなければいけないと考えています。

それはどういうことかというと、水銀に汚染（曝露）されて症状があれば、その因果関係は疫学でやるべきだという議論をいま行っているのだけれども、疫学のもともとの発想は、水俣湾を中心に水銀で汚染されたことによって、魚介類が有毒化した。それを食べたことによって被害が出た。だから、食中毒である。食中毒ならば、本来はすぐに原因を究明しなければならない。しかし、水俣病では何もしなかった。

もし原因究明をやっていき、広くみんなに共通している症状は何かという目で見ていれば、四肢抹梢優位の感覚障害であることにいたるのは、それほど難しいことではなかったと思います。誰にも共通している症状なのは明らかですから。とすれば、感覚障害をもっている人を救済するのは当たり前だということが、もっと早くにみんなの総意になりえたのではないかと思うのです。

それをやらなかった国や県が訴訟で争うという態度自体がそもそもおかしいということを、現在の裁判官たちに理解してもらうところから始めるのは、すごく重要だろうと思います。これまで勝訴判決を得てきましたが、それでも結局多くの人が救済されないで残っています。そういう人たちも含めて救済する枠組みをどうつくるかと言えば、やはり和解の場で、恒久的な制度として位置づけて解決するようにする。広くみなに行き渡ることを考えて、救済の方法の制度化を将来的には実現しなければいけない。いまの国の対応を見ていると、それを目指して裁判で勝ち切ることがどうしても必要になります。

徳井 先ほど、特措法で一症状でも水俣病とするとなったことが大きな成果だと述べられましたが、現在の訴訟での国や県の対応を見ていると、特措法の被害者はほかの被害者とは違う位置づけだと考えているようです。「あれは被害者とは違う」と公然と主張してきたりする状況です。それを根本的に乗り越えるたたかいをしなければならないという思いを、最近特に強くしています。

今年（２０１７年）11月29日の新潟水俣病認定訴訟の東京高裁では、原告全員が新潟水俣病と認定される前向きな判決が出されているので、これを今後のたたかいで前進させる必要があります。

今回の３つの訴訟では、天草のように対象地域外とされているところにもたくさんの原告がいますが、みなが救済される、対象年代以外の人ももちろん救済される、そういう判決を勝ち取りたいです。ノーモア・ミナマタ第１次訴訟のときには、原告の93％が和解によって救済されました。圧倒的多数の人が救済される判決を勝ち取って、対象地域外でも汚染された魚を食べて、水俣病の被害が発生していることを社会的に明らかにすることが出発点になると思います。

そして、その救済方法を恒久化するシステムをどのようにつくっていくのか。水俣病特措法の判断基準自体は極めてまともでした。だから、判断する主体をいかに公平にするか、あるいは締切り期限を設けないといったことが今回の課題になってきます。行政が真剣に健康調査をしないままで、時限立法で期限を切ってしまうようなことを繰り返したら、また未救済の患者が残ってしまいます。時間的・空間的に開放されたかたちでの恒久的な救済制度をつくっていかなければならないと思います。

板井　大変難しい問題について、いろいろな観点から突っ込んだ話をしてきました。たたかいに勝つのに王道はないわけです。自分で考えて自分で突破していかなければしかたがないと思います。取り組まなければならない課題はたくさんありますが、これからまだ時間はありますので、みなさんで協力してがんばっていただきたいと思います。

※本章は、2017（平成29）年11月24日にサニーシティ新宿御苑（東京）で行われた座談会を書き起こし整理したものである。

3　水俣病特措法について――苦い追憶をも込めて

松野信夫（元参議院議員・弁護士）

はじめに――本会議採決

水俣病被害者の救済及び水俣病問題の解決に関する特別措置法（水俣病特措法）は2009（平成21）年7月、通常国会の最終盤で可決成立した。マスコミでも大きく報道され、久しぶりに水俣病問題が全国的な問題として取り上げられた瞬間でもあった。

当時、民主党の参議院議員だった私は、議席に置かれた投票ボタンを押すことなく棄権に回った。私と同様に棄権した議員が他に3名いたが、その議員は私が座長を務めていた水俣病対策作業チームのメンバーであり、私に同調してくれたことに感謝の思いであった。この時の様子はいくつもの新聞に掲載され、とりわけ「読売新聞」7月9日付朝刊には『抜本解決か』疑問残し『民主・松野氏　棄権』」との表題で割合大きく報道された（**新聞記事**参照）。

民主党はこの法案に賛成することとし、本会議直前の議員総会でもその旨が確認されていた。

「抜本解決か」疑問残し

水俣病法成立

民主・松野氏 棄権

自民・園田氏「ほっとした」

街頭で法案成立に抗議する水俣病不知火患者会の会員ら（8日午後3時8分、東京・有楽町マリオン前で）＝西田総裕撮影

「早期救済」か「抜本解決」か――。参院本会議で8日成立した水俣病被害者救済法。与党と民主党などの賛成多数で可決される中、民主党内で水俣病問題の第一人者とされる松野信夫参院議員は、党議拘束で賛成票を投じるよう指示されていたにもかかわらず棄権した。与野党は早期救済で一致したが、抜本解決にこだわる松野氏は最後まで抵抗した。

〈本文記事1面〉

参院本会議場で投票が行われた8日午前10時過ぎ、松野氏の表情は硬く、腕組みをしたまま投票ボタンに触れず棄権した。

議場を出た松野氏は「最終的な解決ができるかどうか正直かなり疑問を持っている。賛成できないので政治的なぎりぎりの判断で棄権した。（一時金の額など）被害者救済の中身が明確になっていない」と話した。

一方で、民主党の鳩山代表はこの日の記者会見で「長い間苦しんでいた多くの方々に朗報」と述べ、救済法成立を歓迎。与党水俣病問題プロジェクトチーム座長で自民党政調会長代理の園田博之衆院議員は同日、「被害者救済の前提となる法律ができてほっとした」と語った。

腕を組み、救済法案の採決を棄権した松野氏（8日午前10時13分、国会で）

松野氏は、国と熊本県の行政責任を認めた2004年の最高裁判決を踏まえた抜本的な救済策を主張。今回の救済法では、救済の具体策は別途協議されることになったが、加害企業の消滅につながると批判されるチッソ（東京）の分社化については具体的に規定されている。松野氏は「加害者救済が優先されている」と厳しく批判する。

これに対し、与党と民主党は「早期救済」で一致。園田氏は「水俣病問題は収束した」とされた1995年の政治決着で、対象から漏れた被害者を一日も早く救済するとの立場だった。

7日の参院環境委員会。松野氏は「法案は公害企業の分社化にレールを敷くもの。加害者側のそしりは免れない」と批判。園田氏は「本来の目的は被害者救済。チッソの経営を安定させ補償を完遂させるために分社化は重要な手段」と応じた。

園田氏の父・直氏は厚生相（当時）時代の68年に水俣病を公害認定した。園田氏自身も自社さ政権での95年の政治決着で官房副長官として「最終解決」に携わり、親子2代で水俣病問題にかかわってきた。一方、松野氏は95年の政治決着時に、これに反対する訴訟派団体の弁護士を務めた。

今回も、政治決着派は園田氏に期待を寄せ、訴訟派は松野氏を支持した。行き詰まった与野党協議は、最終局面で園田氏の提案で与野党幹部協議に舞台が移り、第2の政治決着は松野氏抜きで実現した。

救済法の要旨

【前文】被害拡大を防止できなかったことについて国、熊本県の責任を認め、おわびする。

【目的】被害者を救済し、問題を最終解決する。チッソの経営形態を見直す。

【救済措置の方針】四肢末梢（まっしょう）優位や全身性の感覚障害などがある者に一時金、医療費を支給する。

【水俣病被害者手帳】手帳を交付し、医療費を支給する。

【解決に向けた取り組み】救済開始から3年をめどに対象者を確定する。

【事業再編計画】チッソは分社化で事業を担う新会社を設立する計画を作成し、一時金の支払いに同意、環境相に認可を申請する。

【株式譲渡】新会社の株式売却は環境相の承認を得る。株の売却は救済終了及び市況好転まで凍結する。

【地域振興】政府はチッソが水俣市で事業を継続することで地域振興や雇用確保が図られるよう努める。

「読売新聞」西部本社版
2009年7月9日付朝刊

民主党所属の議員としては、もちろん法案の採決に当たって党議拘束に従わなければいけないのだが、時々造反議員が出現して、マスコミネタにもなっている。私はこの時、どうしても賛成できないと、事前に梁瀬《やなせ》進《すすむ》民主党参議院国対委員長に話していた。委員長からは、地元の事情もあるだろうから理解できなくはないが、派手に反対運動まではするなと釘を刺されていたので、さほど大騒ぎまではしなかった。そうしたこともあって、採決棄権後、委員長からは注意程度で済んだ。

この採決棄権後、なぜ賛成しないのかという批判も受けたが、理解してくれる多くの方々がいて、私の周辺でも賛否両論があった。政治判断としては悩んだ末での決断であったが、水俣病をめぐる政治や社会の複雑な情勢のなかで、議員である以上逃げるわけにはいかず、最後まで悩んだことを昨日のように覚えている。

衆議院議員時代の最高裁判決

私は、2003（平成15）年から2005（平成17）年まで民主党の衆議院議員を務めた。この時も、水俣病問題は大きな課題ではあったものの、新人議員としてできることは限られていた。それでも早速、民主党環境部門会議内に水俣病ワーキングチームを結成してもらい、私がその座長に就任した。しかし、具体的な立法化作業までは進められなかったので、実際には水俣病を取りまく情勢の確認や提案程度にとどまっていた。

そうしているうちに2004(平成16)年10月15日に最高裁で関西訴訟の判決が言い渡され、国や熊本県の水俣病拡大責任が明確に断罪される。この時の判決言い渡し直後に行われた患者団体と環境省との交渉場面に、私も立ち会うことができた。以前のような激烈な交渉ではなかったが、それでも患者団体から厳しい追及がなされ、環境省側はまともな答弁もできず、のらりくらり追及をかわそうとしていた。

当時の環境大臣は小池百合子氏であった(現東京都知事)。患者さんたちや支援者のみなさんから詰め寄られ、小池大臣はいかにも嫌々ながら頭を下げていたことを覚えている。まったく気持ちの伴っていない対応だと感じざるを得なかった。私自身、衆議院環境委員会で小池大臣に何度も質問をしたことがあるが、大臣は、官僚が用意したおざなりな答弁を読み上げるだけか、あるいは自身が答弁に詰まると官僚に答弁させることもたびたびだった。小池大臣は、省エネや一般的な環境問題のようなパフォーマンスは得意でも、すでに発生している公害・環境事件の後処理には極めて不熱心だという印象は免れないものであった。

参議院での水俣病作業チーム座長

私はその後、2007(平成19)年7月の参院選で熊本選挙区から当選した。一人区で自民党の現職を破っての当選は熊本では初めてのことであり、厳しい選挙戦を勝利したことに興奮もして、大きな喜びであった。そして、１９８２（昭和57）年弁護士開業以来、長年、水俣病弁護団の一員として私の弁護士人生の中心に据わっていたのが水俣病訴訟であったから、再び国会議員になった以上、何としてもこの問題の解決にあたりたいと念じていた。

民主党内では自他ともに、水俣病問題は松野を中心に取り組もうということになっていたので、当選後まもなく水俣病対策作業チームを結成するように党内で訴え、これが認められて衆参合わせて7人でのチームが結成された。そしてその座長に就任することになった。

このチーム結成後、まずは水俣病問題の勉強会を毎週のように開催し、環境省からのヒアリングをはじめ、被害者、弁護士、学者、文化人からのヒアリングや現地調査を行い、お互いにこの問題の深刻さ、難しさなどの理解を深めていった。そして水俣病問題の解決のためには、立法化が必要であり、民主党案を策定しなければならないということで、民主党が考える立法化及びこれを含めた解決システムづくりに邁進した。

私は、最高裁で国の責任が確定したのだから国がその責任を果たさなければならない、まずは国が中心となって一定の補償を含めた被害者の救済を早く進め、その補償にかかった費用等は加害企業チッソに負担させることとして、国がチッソに求償するという方法が、最高裁判決を踏まえた被害者の早期救済に資すると考えた。そしてこれを中心にして立法作業を進め、具体的な条文化は参議院法制局と協議しながら進めた。

その結果、2009（平成21）年3月には、民主党案がおおむね完成する。

他方、自民党でも水俣病作業部会が結成され、熊本県選出の園田博之議員がその座長に座って立法化の作業を進めていた。そして自民党案は同年3月13日に衆議院に、民主党案は同年4月17日に参議院にそれぞれ提出され、国会における審議が待たれる状態になる。双方とも議員立法という形で国会に提出されたので、いよいよ4月から与野党協議を行うことになった。

私自身、こうした与野党協議は初めてのことであり、緊張感を持ちながら国会内の会議室で行われた協議に臨んだものであった。与党側は自民党の園田議員の他に公明党議員も加わって3、4名程度、民主党は私を含めてやはり3、4名程度。この他にオブザーバーとして法制局の職員や環境省の職員も複数名参加していた。与野党の議員が向かい合う形で双方からそれぞれの法案を説明し、その後質問をぶつけ合うことも行ったうえ、論点ごとに意見交換を行っていった。

自民党案VS民主党案

しかし、自民党案と民主党案とは、解決のあり方が根本から大きく異なっていた（対比表参照）。

民主党案は国の責任を全面に出し、まず国が幅広く被害者救済を行い、その後チッソに対し

第171回国会　水俣病被害者救済等法案について（与党案・民主党案対比表）

	与党案 （H21. 3. 13衆院提出）	民主党案 （H21. 4. 17参院提出）
法案名	○水俣病被害者の救済及び水俣病問題の最終解決に関する特別措置法案（衆院第10号）	○水俣病被害の救済に関する特別措置法（参院第16号）
基本的考え	・認定患者に対する確実な補償 ・救済を受けるべき人々のあたう限りの救済 ・関係事業者の費用負担についての責任及び地域経済への貢献の確保	・最高裁判決の尊重 ・水俣病問題の抜本的解決 ・水俣病被害の回復、地域社会の絆の修復
対象者	過去に通常以上のメチル水銀へのばく露を受け、かつ、四肢末梢優位の感覚障害を有する者	基準日以前に特定疾病病多発地域に居住すること等により、メチル水銀により汚染された魚介類を大量に摂取し、四肢末梢優位、全身性感覚障害、舌の二点識別覚の障害等の疾病にかかった者
診断方法	与党 PT 案では公的医療機関の診断により判定	・環境大臣による認定 ・主治医の診断の尊重
一時金	一時金　※与党 PT 案では150万円 （原因企業が負担）	水俣病被害者給付金300万円 （費用負担方法及び割合について県及び事業者の同意を得て、基準を定める。国が負担して支給した後に、原因企業に求償）
医療費・手当	・療養費 　※与党 PT 案では自己負担分 ・療養手当 　※与党 PT 案では月額１万円 （県が支給。国が援助）	・医療費　　　　自己負担分 ・療養手当　　　約２～３万円 ・特別療養手当　月額１万円 （国が全額負担）
その他の事業	健康増進事業、地域社会の絆の修復事業、地域振興等に、従前のとおり取り組むよう努める。	・県による健康管理、相談事業（国の支援規定あり） ・国による調査及び研究事業
申請期限	申請期限を設ける。 ※３年以内を目途に救済措置対象者を確定	給付金請求は施行日から５年以内
救済策を受けるに当たっての条件	・公健法の認定申請取下げ、放棄 ・訴訟の取下げ、放棄	なし（公健法、提訴権も存続）
最終解決のための措置	救済措置・認定審査の終了、紛争解決後、公健法における地域指定等の解除	なし
原因企業への措置	患者補償を確保する観点から原因企業への財政支援と分社化 （分社化後の株式売却は、救済の終了及び市況の好転まで、暫時凍結）	なし

て求償するという内容であるのに対し、自民党案はチッソに資金を貸し付けてチッソに被害者への補償を行わせるという従来型のやり方であった。そして自民党案の根幹は、①チッソの分社化によって将来はチッソ本体を消滅させる、②救済を受けるには公害健康被害補償法（公健法）の認定取り下げ、訴訟の取り下げ、③紛争解決後に公健法の地域指定解除というもの。被害者救済の条文はたった一つだけであり、あとは延々とチッソ分社化のための条文が続いていた。これでは被害者救済というよりも加害者救済ではないかというのが率直な感想だった。私は当初から、溝は深いと感じていた。

自民党案の背景にはチッソが控えていて、チッソを援助しながら被害者救済問題をも解決しようという思惑《おもわく》が感じられた。実際、園田議員とのやりとりのなかで、同議員から、「チッソが取るに足らない会社であればとっくに潰してよいのだ。チッソはこれまで多額の補償金を支払ってきた。これができたのは、チッソという企業が優秀な技術や力を持っているからだし、これからもこうした企業を活かしていかなければならない」という趣旨の発言もなされていた。

最高裁判決後、公健法の認定申請が急増し、同年5月末には6452件。また保健手帳申請も2万5000件を超えるという状況で急増していた。こうした事態を見たのか、園田議員は「平成7年の政治解決時にもっと幅を広げて補償していれば、そのときに水俣病問題は終わったのに」などと嘆息もしていて、水俣病にかかる紛争状態を早く収束させたいという意向が強く感じられた。私は、「水俣病の歴史に学べば、簡単な幕引きでは終わりませんよ。行政による幕引きが司法によってひっくり返された歴史ではないですか。今回は安易に考えずにじっくりやりましょう」などと答えていた。

チッソの後藤舜吉会長は、特措法が施行された直後の2010（平成22）年1月、チッソ社内報の年頭所感で「（分社化で）水俣病の桎梏《しっこく》から解放される」と率直に吐露している。園田議員と同じような感覚であったし、チッソが自民党案を突き動かしていたのだろう。

自民党案はチッソ救済ありきの解決策であるという感を深くしていたのは私だけではないはずだ。結局、自民党案の背景には、水俣病問題を早く終了させ、チッソを活かしつつ地域指定解除で被害者補償制度そのものを終わらせようという策動があったことは間違いない。そもそもチッソの分社化及びそれに必要な会社法、税法等の諸整備は国会議員の頭でできるものではなく、極めて専門的な知識を有する取り巻きの知恵であろう。

与野党協議

2009（平成21）年4月以降に始まった与野党協議では、与党側からはさほど質問は出なかったのに対して、私のほうからは毎回質問を出し、与党側から答えるかあるいは法制局や環境省が代わりに説明するということが繰り返された。チッソの分社化について、私はとうてい了解できないので、まずは救済の範囲をどのように設定するかなどを議論していった。

双方ともできるだけ幅広く救済しようという総論にさほど異論はなかったが、救済範囲の各論になると与党よりも環境省が出てくるということで、なかなか議論が進まない状況でもあった。ましてや救済システムについて、まず国が支払うか、チッソが支払うかどうするかといった根本問題では、とても双方の溝が埋まる様相ではなかった。

実は私としては、何も無理して与野党協議を取りまとめる必要はないという考えだった。ある程度の議論を重ねたところで通常国会が閉会して、それによって与野党協議も時間切れで終了することを狙っていた。当時の民主党の党勢からして、次期衆院選では民主党が第一党になっていよいよ政権交代が実現するのではないかと考えていたし、まわりの議員もそうした雰囲気であった。そこで与野党協議では無理して妥協する必要はないし、まとまらなくてもよい。いずれ近いうちに政権を奪取すれば、民主党案を中心にした立法化によって幅広く早期に救済ができる。そう考えていたのだが、しかしこれはいかにも甘かった。

与野党協議から外れる

当時の民主党国会対策委員会では、水俣病のような複雑でやっかいな問題は自民党政権時代に終わらせておこうという判断が内々になされていたようだった。国対政治にはさまざまな批判もあるが、要するにどの法案を通すか、どの法案は徹底抗戦するか、修正や廃案を目指すかなどの国会運営については、国会対策委員会（国対）と称する党内組織が事実上決めていて、この決定に従って議員も動く。そして与野党の国対同士で、一部の法案については手を握り、事実上の協議がなされ、法案の採決日程まで決められることも多い。

私はこの当時、水俣病の法案は、政府提出法案（閣法）ではなく議員立法の体裁をとっているので、国会内ではさほど対決する重要法案ではないし、与野党の国対同士でそこまで話は進まないだろうと思っていた。

ところが松野を座長として与野党協議をやらせていても一向に進まないし、いつになるかも分からない、自民党サイドとしては早めに成立させたいといった要望が与党から民主党の国対や幹部に寄せられたようであった。国対委員長や政調会長から私に対し、水俣病問題はどうなっているのか、与野党協議はどのように進んでいるのか、見通しはどうかなど、しばしば問い合わせが届くようになってきた。

正直言って民主党内に水俣病問題をそれほど熱心に勉強する議員もいないはずなのに、なぜこうした問い合わせが頻発するのかを深く読むべきだったのだ。私が率直に答えているうちに、民主党としても水俣病問題については、自民党法案に問題があるのであれば、できる限りその修正をしたうえで成立させるという方針になったようだ。

すでに与党、環境省、熊本県は２００８（平成20）年12月段階でチッソ分社化を容認することで一致し、もちろんチッソもこれを受け入れていて、いわば外堀は埋められていた格好であったから、民主党幹部も受け入れやむなしとの判断に傾いたのだろう。

私自身、こうした国対の方針変更などについて、いささか軽く考えていたし、国会内における法案成立に向けた手続きについての経験不足もあった。与野党協議が実務家レベルで行き詰まるのであれば、レベルを上げて政調会長同士あるいは国対委員長同士の会談で決着するというのが国会の常道である。そこで、政調会長あるいはこれに準じた者同士での協議に持ち込むという体裁で、その後の与野党協議が進められることになった。

私は、チッソ分社化が入っている自民党案はこの点を修正しない限り応じられないという姿勢であったが、民主党幹部は、自民党政権時代に水俣病問題が一定程度解決できるのであれば、チッソ分社化を容認するという立場になり、私の考えと対立することになった。

その後の与野党協議

結局、2009(平成21)年6月には与野党協議のメンバーから外れるようにと、民主党国対からの指示があり、自身の読みの浅さにいささか忸怩《じくじ》たる思いでもあったが、これを受け入れた。以降は、直嶋正行政調会長の下に福山哲郎参議院議員(現立憲民主党幹事長)が中心となって与野党協議を進めることになる。

福山議員からは、その後何度も与野党協議の進捗状況について相談を受け、私は、チッソ分社化を容認する方向性の民主党の方針が変えられないのであれば、少しでも幅広い救済になるように救済範囲の拡大につながるような条文を設定するよう求めた。

その結果、四肢抹梢性感覚障害を中心とするものの片側でも全身性でも認めるといった修正につなげることになった。また、当初は公健法の地域指定解除の話も出ていたが、これは公害被害者補償の根幹に関わることであるから絶対反対を貫いて、さすがに与党もこれを撤回するにいたった。

もともと与党には、チッソ分社化さえ通れば、地域指定解除はさほど拘泥《こうでい》しないという姿勢が透けて見えていた。その他メチル水銀の汚染調査や今後の環境汚染防止措置をとることも自民党は受け入れるとのことだったので、ささやかながらも前進した面はあった。しかし私にとって、チッソ分社化はどうしても了解できる話ではなく、結局、この溝は埋められないまま7月の採決を迎えることになった。

特措法の持つ意味

特措法の結果、確かに万単位の多くの被害者が一定の救済を受けることができた。他方、このことは改めて水俣病被害の広がりを示すものともなった。特措法の功罪は数多くの論者が論じているところだが、その成立に関わってきた者として複雑な思いを免れない。

真っ白いキャンバスに解決の図柄を描くことは割合容易であっても、既存のシステムがあるなかで新しい救済システムを描くことは困難である。とりわけ水俣病の場合、行政判断もあれば司法判断もある。補償協定もあれば1995年の政治解決もある。一度ガラガラポンができればよいが、そうはならない。

さまざまな利害が絡み合ったなかで既存システムとの整合性をとりながら、新たな救済システムをどうつくるのか。民主党案策定の途中で原田正純先生（当時熊本学園大学教授）にも相談してみた。原田先生のご自宅を訪問して、何時間も話し合い、貴重なご意見もお聴きすることができた。原田先生もチッソ分社化の自民党案を強く批判はされたが、それではどうすべきかといった観点ではベストの案は出しにくい、なかなか良い知恵が生まれないということであった。

これまではある意味、その場しのぎの解決策の積み重ねでもあったから、今回の特措法も規模の大きな弥縫策《びほうさく》なのかもしれない。それでも今回の特措法で数万単位での救済がなされたことで、水俣病補償申請に対する遠慮やしがらみという「たが」が相当程度外れたのではないかと考えている。ガラガラポンが難しい以上、少しずつでも救済の枠が広げられて、水俣病の奥深さを世の中に知らしめることにつながったという現実を直視しなければならないだろう。

特措法は成立したが、指定地域の問題や救済期間の問題が残され、皮肉にも2009（平成21）年9月に政権交代した民主党政権に委ねられることになった。私は鳩山政権で小沢鋭仁《さきひと》環境大臣やその後の松本龍環境大臣に要請して、多少の救済期間延長などを得ることはできたが、特措法の下でのささやかな救済拡大にとどまった。

チッソ分社化が容認されたことによって、いずれはチッソという親会社は消滅し、水俣病の桎梏を逃れ、液晶などに特化した子会社が生き残ることになる。水俣病訴訟弁護団が水俣病第一次訴訟時に声を大にして叫んだ「チッソは死ぬことも許されない」という訴えは、いつの日かかき消されようとしている。

このことは残念でならないが、水俣病を取り巻く歴史は、今回の特措法でけっして終わらせないことを物語っている。すでにノーモア・ミナマタ訴訟がしっかりと引き継いでいるし、けっして熊本だけの問題ではなく、福島原発事故や沖縄基地問題にも通じる問題提起を水俣は発信している。

これからも被害者の最後の一人まで救済されるよう求め続けていきたい。

4　水俣条約から水銀汚染をめぐるチッソや行政の責任を考える

森　徳和（弁護士）

はじめに

国連環境計画（ＵＮＥＰ）は、２００１（平成13）年に地球規模の水銀汚染に関する活動を開始し、２００２（平成14）年に人への影響や汚染実態をまとめた報告書（世界水銀アセスメント）を取りまとめた。

２０１０（平成22）年から5回にわたる政府間交渉委員会を経て、２０１３（平成25）年10月、約１４０か国・地域などの代表者が出席した会議が熊本市及び水俣市で開催され、全会一致で「水銀に関する水俣条約」（以下「水俣条約」という）が採択される。そして、２０１７（平成29）年8月16日に発効した。(1)

本章では、この水俣条約の内容を確認するとともに、チッソ(2)が排出した水銀を含む汚泥などの残された問題に焦点を当てたうえで、行政の責任を明らかにしたい。

(1) 条約採択までの経緯は、環境省「水銀に関する水俣条約の概要」による。

(2) 2011(平成23)年、「水俣病被害者の救済及び水俣病問題の解決に関する特別措置法」(以下「特措法」という)に基づきJNC株式会社が設立され、チッソの事業財産は同社に譲渡された。

水俣条約の概要

水俣条約は、前文、35条の条文、5つの付属書から構成されている。[3]

前文には、日本の提案を受けて、水俣病の重要な教訓、特に水銀による汚染から生ずる健康及び環境への深刻な影響、水銀の適切な管理及び将来におけるこのような事態の防止を確保する必要性が記載された。

条文の主な内容は、①新規鉱山開発の禁止、②塩化アルカリ工業及びアセトアルデヒド製造施設を対象とした製造プロセスにおける水銀使用の禁止、③9分野の水銀含有製品の一定期限内の廃止、④人力小規模金採掘に伴う水銀の使用・排出の削減、⑤大気・水・土壌への排出の削減、⑥汚染サイトの特定と評価、リスク削減、⑦条約の補助機関として実施・遵守委員会を組織、⑧条約締結国は国内法を整備して、条約上の義務履行のための国内実施計画を策定・実施、などである。

国は、水銀汚染防止法の制定、大気汚染防止法や廃棄物処理法施行令等の改正を行い、国内の水銀対策の実施に取り組むと表明している。[4] 安倍晋三首相は、水俣条約の採択にあたり、途上国の環境汚染対策に約2000億円の支援を行うことも表明した。

熊本県は、水銀を使わない社会を目指す「水銀フリー」を宣言し、水銀を含む廃棄物の回収・リサイクルに取り組むことを宣言している。[5]

(3) 条約の概要については、環境省「水銀に関する水俣条約の概要」による。
(4) 環境省「水銀に関する水俣条約の発効の決定について（環境大臣談話）」。
(5) 熊本県「水銀フリーに向けた取組み」。

環境復元事業

チッソ水俣工場は1932（昭和7）年からアセトアルデヒドの合成を始め、アセトアルデヒド酢酸設備内で触媒として使用されてきた大量の水銀が、約40年間にわたって水俣湾内に排出された。水俣湾に堆積した水銀量は、約70～150トンともそれ以上とも言われ、水銀を含む汚泥層は湾奥部で4メートルにも達していた。

そこで、熊本県は、堆積した水銀を含む汚泥を早急に処理するため、1973（昭和48）年

8月に環境庁が定めた「水銀を含む底質の暫定除去基準」に基づき、総水銀濃度25ppm以上の汚泥を浚渫《しゅんせつ》により除去して、埋立地を作ってそのなかに封じ込めることにする。この水俣湾公害防止事業(6)は、運輸省が海上工事、熊本県が陸上工事を担当して実施された。

1976（昭和51）年10月から準備工事が開始され、1990（平成2）年3月に完了。埋立区域の処理面積は58万2000平方メートル、処理汚泥量は72万6000立方メートル、浚渫区域の処理面積は151万平方メートル、処理汚泥量は78万4000立方メートルに及び、合計151万立方メートルの汚泥が処理された。

総事業費約485億円については、305億円余を原因企業チッソが負担し、残りを国と熊本県が折半した。

さらに、丸島漁港には、チッソ水俣工場及び水俣化学工業所の排水に含まれる水銀が流入し、高濃度の水銀を含む汚泥が堆積していた。また、丸島・百間《ひやっけん》水路にも両社から排出された高濃度の水銀汚泥が堆積していた。そこで、丸島漁港及び丸島・百間水路公害防止事業(7)が実施されることになる。

丸島漁港の汚泥は、熊本県が事業主体となり、浚渫して水俣湾埋立地に埋め立て処理され、総事業費約1億7100万円のうち、1億3900万円余を原因企業チッソ及び水俣化学工業所が負担、残りを国と熊本県が折半した。

丸島・百間水路の汚泥については、水俣市が事業主体となり、除去して水俣湾埋立地に埋め立て処理され、総事業費15億5400万円余のうち、6億600万円余を原因企業チッソ及び水俣化学工業所が負担し、残りは国と水俣市の折半となった。

(6) 熊本県「水俣湾環境復元事業の概要」(平成10年3月)。

(7) 水俣市「水俣病―その歴史と教訓―2007」。

水俣湾埋立地の水銀問題

水俣湾公害防止事業は、水俣湾内に堆積した高濃度の水銀を含む汚泥を早急に処理するために実施された事業である。水銀汚泥が浚渫され埋め立てられた結果、水俣湾内の水質や魚介類汚染は改善された。

したがって、同事業は、緊急避難的な措置としては評価できる。しかし、埋立地には現在も総水銀濃度25ppm以上の汚泥が堆積しており、この汚泥処理対策を長期的な観点で講じる必要がある。

熊本県公害防止事業所の初代所長で、同事業を指揮した小松聰明氏は、熊本学園大学で開講された「水俣学講義」において、「封じ込めはあくまで暫定的措置であることを行政は忘れず、将来的には水銀を除去する方策を検討しなければならない」と発言している[8]。事業当事者が将来の水銀除去の必要性を訴えていることに、真摯《しんし》に耳を傾けるべきである。

そこで、埋立地の構造と安全性について述べたい。

埋立地の護岸は、厚さ約1・3センチ、直径約23～30メートルの円筒状の鋼矢板セルのなかに土砂を詰め込んだ50基の構造物で造られている。鋼材の耐用年数は当初50年とされていた。1977（昭和52）年から1990（平成2）年にかけて工事が行われたため、熊本県は、耐用年数の半分以上が経過した2009（平成21）年2月に「水俣湾公害防止事業埋立地護岸等耐震及び老朽化対策検討委員会」を発足させる。(9)

同委員会は、2015（平成27）年1月、検討結果の取りまとめを行い、①鋼材は腐食が少なく十分な厚みを有しており、調査した2010年度時点でおおむね40年以上の耐用年数が残ると算定される、②最大級の地震に見舞われた際も、護岸から汚泥が外に漏れない性能が確保されており、地表の一部で水銀を含んだ汚泥が噴き出すものの、濃度は低く環境への影響は小さいとして、耐用年数50年を超えた後も継続使用する方針を明らかにした。(10)

その後、2016（平成28）年4月に熊本地震が発生し、水俣市では14日の前震で震度4、16日の本震で震度5弱を観測。(11)熊本県港湾課は、直ちに埋立地の調査を実施したが、目視の結果異常なしとの報告があったとされる。(12)

地震調査研究推進本部が公表している布田川《ふだがわ》断層帯・日奈久《ひなぐ》断層帯の将来の地震発生の可能性によれば、日奈久断層帯は、高野―白旗区間、日奈久区間、八代海区間に分かれていて、そのうち八代海区間の地震の規模はM7・3程度、日奈久断層帯全体が同時に活動する場合はM

7・7~M8・0と予測されており、地震発生確率は30年以内にほぼ0%~16%とされている。[13]
産業技術総合研究所の宮下由香里・活断層評価研究グループ長は、日奈久断層帯が過去に2000~3000年に1度の高い頻度で活動しており、断層帯内の複数区間で近い時期に地震が起きていたことを示す研究結果を公表した。宮下グループ長は、「日奈久断層帯をメインとする地震が起きると、熊本地震を上回る可能性がある」[14]と指摘している。

熊本地震で動かなかった未破壊区間ではひずみが解放されずにエネルギーが蓄積されたままとなっているため、近い将来熊本地震を上回る規模の地震が引き起こされる可能性が高い。

熊本県は、埋立地には物質的に安定し水にも溶けにくい硫化水銀が封じ込められていると説明している。しかし、水銀分析の世界的権威である国際水銀ラボの赤木洋勝所長は、「現在埋まっている水銀の周りにどんな元素が存在するのか改めて調べなければ、本当に硫化水銀かどうか分からない。しかも、最新の研究では硫化水銀の安定そのものが疑われている」と疑問を呈している。[15]

また、検討委員会は、最大級の地震に見舞われても、地表の一部で水銀を含んだ汚泥が噴き出すものの、濃度は低く環境への影響は小さいと評価。これに対し、熊本学園大学水俣学研究センターの中地重晴教授は、「地震を機に、恒久対策を真剣に考えなければならない」「そうしないのであれば、封じ込めた水銀が漏れ出しても問題ないことをきちんと調査して確認すべきだ」として、安易に結論を導く対応を危惧している。[16]

(8)「熊本日日新聞」２０１２（平成24）年12月1日付朝刊。
(9)「読売新聞」２００９（平成21）年6月14日付朝刊。
(10)「読売新聞」２０１５（平成27）年1月31日付朝刊。
(11)気象庁「平成28年（２０１６年）熊本地震」。
(12)「熊本日日新聞」２０１６（平成28）年8月24日付朝刊「地震と埋め立て地①」。
(13)地震調査研究推進本部「布田川断層帯・日奈久断層帯」。なお、阪神淡路大震災が発生した時点の地震発生確率は０％～０・９％と評価されていた。熊本地震が発生した時点の地震発生確率は０・４％～８％、
(14)「熊本日日新聞」２０１７（平成29）年9月9日付朝刊。
(15)「熊本日日新聞」２０１６（平成28）年8月26日付朝刊「地震と埋め立て地③」。
(16)「熊本日日新聞」２０１６（平成28）年8月26日付朝刊「地震と埋め立て地③」。

八幡プール跡地の水銀問題

水俣川河口は千鳥洲《ちどりす》と呼ばれ、戦前は塩田で製塩が行われていた。チッソは１９４７（昭和22）年ごろから海面に石堤を築いて海面埋め立てプールを造り、カーバイト残渣《ざんさ》の埋め立てを行っていた。満杯になると沖にプールを造ることを繰り返し、八幡プールは約60ヘクタールまで拡大する。

チッソは、1958（昭和33）年に工場排水の排出路を水俣湾の百間港から水俣川河口に変更し、八幡プールを経て不知火海への工場排水の放出を始める。工場排水の放出は、排出路の変更を行いながら1966（昭和41）年に完全循環方式が採用されるまで続いた。その後、チッソは、八幡プール跡地の譲渡や売却を続け、チッソが管理する土地は約20ヘクタールまで縮小した。[17]

水俣市は、1987（昭和62）年度から1988（昭和63）年度にかけて、八幡プール跡地にごみ処理施設を建設するに際して土壌成分の調査を実施し、土壌1キログラムあたり最大11・8ミリグラムの総水銀が検出した。[18]

また、熊本学園大学水俣学研究センターの中地重晴教授のグループは、2014（平成26）年に八幡プール跡地の土壌汚染の調査を実施している。その結果、2地点3検体から土壌汚染防止法の第2溶出基準を超える水銀（最高値0・0086mg／L）が検出された。[19]

2016（平成28）年4月に発生した熊本地震によって、八幡プール跡地と不知火海を隔てる護岸がわりの市道に新たなコンクリートのはがれやヒビの拡大が発見されたため、水俣市は、市道改修計画を進めている。[20]

(17) 八幡プール跡地については、熊本学園大学・水俣学ブックレットNo.12『新版　ガイドブック水俣を歩き、ミナマタに学ぶ』（2014年、熊本日日新聞社）による。

(18) 「熊本日日新聞」2016（平成28）年8月30日付朝刊「地震と埋め立て地⑥」。

(19) 熊本学園大学・水俣学ブックレットNo.15『水俣病60年の歴史の証言と今日の課題』(2016年、熊本日日新聞社)。

(20)「熊本日日新聞」2016(平成28)年5月1日付朝刊。

水俣条約と行政の責任

水銀条約第12条は、「締結国は、水銀又は水銀化合物により汚染された場所を特定し、及び評価するための適当な戦略を策定するよう努める」(第1項)、「汚染された場所がもたらす危険を減少させるための措置は、適当な場所には当該汚染された場所に含まれる水銀又は水銀化合物による人の健康及び環境に対する危険性の評価を取り入れ、環境上適正な方法で行われる」(第2項)と定めている[21]。

水俣条約のこの条文は、汚染サイト(汚染された土地)への対応に関して、締結国に努力義務を課すにとどまっている。また、水俣条約では、汚染サイトを浄化するために汚染者が金銭負担を行う責任については定められていない。

ここに水銀条約の限界があると言えるが、汚染サイトへの対応について、以下、国の責任、熊本県の責任、水俣市の責任について見ていきたい。

国の責任

国は水俣条約前文に水俣病の重要な教訓を盛り込むことを求め、「水銀の適切な管理及び将来におけるこのような事態の防止を確保する必要性」が明記された。そうであるならば、国は、水俣条約第12条に基づき、水俣湾埋立地と八幡プール跡地を汚染サイトに指定したうえで、継続的な監視と将来の汚染防止対策を策定すべきである。水俣病の重要な教訓に鑑みれば、努力義務であることをもって、汚染サイトに指定しない理由とするべきではない。

また国は、熊本県が埋立地を適切に管理していることを理由として、指定に消極的な姿勢を示している。[22] しかし、埋立地が適切に管理されていることと、総水銀濃度25ｐｐｍ以上の汚泥が大量に埋設されたままになっていることとは別問題であり、まず汚染サイトに指定したうえで、より適切な管理を実施するのが正しい筋道である。

さらに、特措法第36条第2項は、政府及び関係者に対して、チッソが排出したメチル水銀による環境汚染を将来にわたって防止するために、水質の汚濁の状況の監視の実施その他必要な措置を講ずる義務を課している。国は、特措法を根拠として、チッソ（ＪＮＣ）に協力を求めて、汚染サイトの土壌調査を継続的に実施すべきである。

熊本県の責任

日奈久断層帯八代海区間では、近い将来Ｍ７・３規模の地震が発生することが予想されている。熊本県は、予想される最大規模の地震に備えて、埋立地に関する継続的な調査を実施すべきであり、特に埋立地内の水銀の現状について詳細に調査を行う必要がある。

また、八幡プール跡地の土壌調査に関しては、特措法第36条第2項の規定のみならず、土壌汚染対策法第5条第1項を直接の根拠として、水銀による汚染により人の健康に係る被害が生じるおそれがあるものとして、土地所有者等に対し、調査と結果の報告を命ずるべきである。

そして、熊本県は、埋立地や八幡プール跡地の調査結果を公表し、県民全体で議論する場をつくらなければならない。

水俣市の責任

水俣市は、環境クリーンセンター敷地など八幡プール跡地の一部をなす土地について、自ら土壌調査を行い、八幡プール跡地の水銀の現状に関する情報を提供すべきである。

また、八幡プール跡地に隣接する市道の改修にあたっては、国、熊本県と協力して八幡プール跡地の土壌調査の結果を踏まえて、最適な改修方法を検討・実施する必要がある。

水俣市議会では、「汚染サイトという表現は観光など周辺産業に与える影響が大きい」として、水俣条約に基づく指定を求める市民グループの陳情を不採択とした(23)。将来水俣湾埋立地や八幡プール跡地の水銀が深刻な環境汚染を引き起こせば、水俣市は、観光産業にとどまらず、市の存続を左右するような事態に直面することになる。環境汚染対策は、長期的な展望をもって考えるべきである。

(21) 環境省「水銀に関する水俣条約条文（和文）」。
(22)「熊本日日新聞」2016（平成28）年8月31日付朝刊「地震と埋め立て地⑦」。
(23)「熊本日日新聞」2016（平成28）年8月31日付朝刊「地震と埋め立て地⑦」。

恒久対策の必要性と費用

国立水俣病総合研究センター（国水研）は、2003（平成15）年から2008（平成20）年にかけて、大成建設と共同で実験プラントを用いた水銀回収の研究を実施した。その結果、特殊な添加剤を用いて低温（300度）で水銀を蒸発させることに成功し、国際特許も取得している。

ところが、その後この研究が埋立地の水銀回収に生かされることがないまま、今日にいたっている。(24)

また、熊本学園大学水俣学研究センターの中地重晴教授は、水俣湾埋立地の水銀処理に要する総事業費が最大で約750億円と見積もられることを公表した。(25)

中地教授の試算は、埋立地下の約150万立方メートルの汚泥を汚染された汚泥とそうでない汚泥に分離したうえで、北海道の野村興産イトムカ鉱業所で金属水銀にして永久保管するという内容である。

埋立地の維持管理検討委員会の委員長を務める熊本大学大学院の松田泰治教授は、「安いコストで地中の水銀を掘り起こし、きちんと処理する方法はまだ確立されていない。既存の護岸をベースに考えるのが最も現実的だ」として、既存の護岸の外側により強固な護岸を築く案を示している[26]。

しかし、埋立地の汚泥を護岸で保管するという考え方は、問題の先送りにほかならない。総水銀濃度25ｐｐｍ以上の汚泥は、そのまま埋立地に残される形となり、その危険性が除去されることはないからである。

これまで水俣湾環境復元事業の費用については、国、熊本県及びチッソが18対18対64の割合で負担してきた。その際、熊本県は、通称「ヘドロ県債」を発行してチッソの負担分を一時的に立て替えた。

ところが、２００９（平成21）年に成立した特措法は、チッソが事業会社ＪＮＣの株式を売却したうえで清算する道筋を用意しているため、現時点で恒久対策の費用負担に関する議論を疎かにすれば、ＰＰＰ（汚染者負担）の原則に反する結果を招くこととなる。その場合、国、熊本県が費用を支出するとすれば、国民・県民の税金による負担を強いることになるのである。

チッソは、特措法第36条第2項が定める「関係者」にチッソが含まれるとしながら、分社化した事業会社ＪＮＣを含むことには否定的な考えを示しており[27]、ＰＰＰ逃れを目論《もくろ》んでいると言える。

したがって、恒久対策費用を確保するため、「ヘドロ基金」を創設したうえで、国、熊本県のほかチッソ及びＪＮＣにも負担金の支出を求めるべきである。

(24) 「西日本新聞」１９９７（平成９）年４月５日付朝刊、「熊本日日新聞」２０１６（平成28）年８月27日付朝刊「地震と埋め立て地④」。
(25) 「熊本日日新聞」２０１４（平成26）年10月17日付朝刊。
(26) 「熊本日日新聞」２０１６（平成28）年８月25日付朝刊「地震と埋め立て地②」。
(27) 「熊本日日新聞」２０１６（平成28）年８月29日付朝刊「地震と埋め立て地⑤」。

埋立地の護岸、八幡プール跡地から、高濃度の水銀を含む汚泥が流出して、再び水俣湾の魚介類が汚染される——このような事態だけは、繰り返してはならない。

それは、現在を生きる我々の未来の人びとに対する重い責任である。

おわりに

雨あがりの空に映えて不知火の海はどこまでも青い。その海を囲む四方の島々には、人びとのささやかな暮らしがある。

何千年も続いてきたその風景が、ある日から一変してしまった。水俣病である。水俣病という公害は、自然も生物も人びとのいのちも暮らしも一瞬にして暗闇のなかに放り込んでしまった。それは連綿と続いてきた「いのち」の糸がまるで断ち切られてしまったかのような風景だった。

あれから61年。不知火海に深く眠っている御霊たちは、いまだに癒されていないように思う。組織も、また人も、「過ち」から逃れることはできない。過ちは、「謝罪する」、「補償する」、「その過ちを二度と起こさないシステムをつくる」ことによって償っていかなければならない。いまも続く水俣病の悲劇は、このことを曖昧にしてしまおうとする勢力の継続にあるのではないだろうか。

「すべての水俣病被害者を救済する」という課題は、単に被害者に補償するということにとどまらず、人類に例をみない有機水銀中毒という甚大で広範囲におよぶ水俣病の被害実態を解明し、そのような悲劇を二度と起こさない対策を後世に引き継いでいく歴史的な課題にほかならない。残念なことだが、これをやるべき国は、そのことを放棄し、その被害実態を闇に葬ろうとしているかのように見える。

水俣病のたたかいは、被害者自らが傷ついた体に鞭《むち》打って立ち上がり、血と汗と涙を流しながら、良心的な弁護団や医師団、支援者に支えられて取り組まれてきた。行政認定患者数は、2282名、1995年の政府解決策では、1万1537名が救済された。その後、関西訴訟最高裁判決後には、ノーモア・ミナマタ国賠訴訟が提起され、議員立法による水俣病特別措置法も合わせて5万5950名が救済されている。合計すると約7万人の人たちが水俣病として何らかの救済を受けるにいたっている。水俣病は、それを葬ろうとする人たちの思惑《おもわく》を大きく超えて、甚大で広汎な被害であることが明らかにされてきたのだ。

「ミナマタ」は、「ヒロシマ」や「ナガサキ」と同じように人類の歴史からけっして消し去ってはならないものだと思う。それは過去のものではなく、環境調査と復元、医学的解明と治療研究、「もやい直し」など、現在も課題は山積している。

いまだに苦しみ続ける救済されない潜在的被害者たちが多数存在している。「いのち」を葬り去ることなどけっしてできない。この取り残された被害者たちと社会がどのように向き合うのかがいま問われているのではないだろうか。被害に真摯《しんし》に向き合い、そのことを繰り返さない決意と行動を起こすことこそが、不知火海に眠るすべての御霊への誠実な態度なのではないだろうか。

水俣病の被害者たちは、途切れそうになった「いのちの糸」を自らの手で、紡ぎ直してきた。私たちはそのいのちを後世へと引き継いでいかなければならない。

水俣病の61年のたたかいは、一握りの英雄の物語ではない。いのちや健康だけでなく、ささやかな暮らしや豊かな人生、地域の団欒《だんらん》と絆を壊されてしまった何万人という人たちの決死のたたかいだった。人には言えない苦しみや悩みや葛藤を乗り越え、いのちの糸を紡ぎ直そうとたたかってきたすべての人たちに、心からの敬意を表したいと思う。

充分な研究も行わず、被害を小さく見せかけ、被害者を切り捨てていく。水俣病のたたかいは、このような文明社会にあるまじき環境公害行政を改める重要な政治的課題でもある。それは、いまだ続いており、そのたたかいに終わりはない。

しかし、私たちは、どのような状況にあろうとも悲観はしていない。歴史的制約や限界はあるにしても、「いのちは地球よりも重い」と考える人類の英知は、必ず正しい答えを引き出してくれるに違いないと確信しているからだ。人類はそれほど愚かなものではないのだから。

元島市朗（水俣病不知火患者会事務局長）

水俣病関係略年表

年	月日	被害の広がり・患者のたたかいを中心に
1906　明治39	1月12日	野口遵、鹿児島県大口村に曾木電気を創立
1908　明治41	8月20日	曾木電気と日本カーバイト商会を併合、日本窒素肥料株式会社（のちにチッソ株式会社）発足
1956　昭和31	5月1日	チッソ付属病院の細川一院長らが水俣保健所に原因不明の中枢神経系の病気を報告（水俣病の公式確認）
	8月24日	熊本大学医学部「熊大水俣奇病研究班」発足
1957　昭和32	3月	水俣市保健所所長がネコに水俣湾産の魚介類を与える実験を開始（4/4ネコ発症）
	8月1日	「水俣病罹災者互助会」（会長：渡辺栄蔵のちの水俣病患者互助会）結成
1958　昭和33	9月	チッソ、アセトアルデヒド排水経路を百間港から八幡プールへ変更し、水俣川へ放流
1959　昭和34	10月6日	チッソ付属病院細川一院長、ネコ400号で水俣病発症を確認
	11月12日	水俣食中毒部会、有機水銀説を厚生省に最終答申（翌日、厚生省同部会を解散）
	12月30日	チッソ、患者と家庭互助会が見舞金契約締結（責任と因果関係は不明）
1961　昭和36	8月7日	胎児性水俣病を初めて認定（胎児性水俣病公式確認）
1963　昭和38	2月20日	熊大水俣病研究班、「原因はメチル水銀化合物」と発表
1965　昭和40	5月31日	新潟県阿賀野川流域に第二の水俣病（新潟水俣病）発生
	12月23日	「新潟県有機水銀被災者の会」結成（後に新潟水俣病被災者の会）

1967　昭和42	4月7日	厚生省特別研究班、新潟水俣病の原因を昭和電工の排水に由来する「メチル有機水銀」と厚生省に報告
	6月12日	新潟水俣病第一次訴訟提訴。患者3世帯13人、昭和電工を被告として提訴
1968　昭和43	5月18日	チッソ水俣工場、アセトアルデヒドの生産停止
	9月26日	政府、水俣病を公害病と認定
1969　昭和44	5月18日	「水俣病訴訟弁護団」結成（山本茂雄団長）
	5月24日	「水俣病訴訟支援・公害をなくする熊本県民会議」（略称、熊本県民会議）発足
	6月14日	熊本水俣病被害者ら、チッソを被告として提訴（熊本水俣病第一次訴訟）。29世帯112人（渡辺栄蔵団長）
1971　昭和46	1月17日	「水俣病をなくする熊本県民会議医師団（県民会議医師団）」（上妻四郎団長）結成。各地で掘り起こし検診を開始
	8月7日	環境庁、水俣病について「水俣病症状のうちいずれかの症状がある場合は水俣病とする」と通知（事務次官通知）
	9月29日	新潟水俣病第一次訴訟判決（原告勝訴）
1972　昭和47	1月7日	「全国公害弁護団連絡会議」結成
	6月5日	国連ストックホルム環境会議で水俣病患者（坂本しのぶさん）が被害の訴え
	6月19日	調停派患者46人、新互助会（会長前田則義）結成
1973　昭和48	1月20日	水俣病第二次訴訟提訴（チッソを被告として患者・家族141人、総額16億8400万円を求める）
	3月20日	水俣病第一次訴訟判決（熊本地裁）。チッソの過失責任を認定、見舞金契約は公序良俗に反し無効とし原告勝訴

1973　昭和48	5月5日	「水俣病被害者の会」発足（隅本栄一会長・掃本博昭事務局長）
1974　昭和49	1月5日	熊本県民医連「水俣診療所」開設（藤野糺所長）
	1月10日	熊本県、水俣湾に仕切り網設置作業開始
	4月7日	「水俣病センター相思社」（理事長：田上義春、常務理事：浜本二徳）設立
	8月1日	「水俣病認定申請者協議会」（申請協会長：岩本広喜）結成
	9月1日	公害健康被害補償法（いわゆる新法）施行
	9月7日	「新潟水俣病未認定患者の会」発足
	10月19日	県民会議医師団、桂島悉皆調査
	11月20日	「茂道申請者漁民の会」発足
1975　昭和50	11月19日	「百間・汐見・港地区住民の会」発足
1977　昭和52	7月3日	環境庁、認定基準を見直し「昭和52年判断条件」を通知
1978　昭和53	3月1日	熊本県民医連、「水俣協立病院」（藤野糺院長）開設
	6月20日	閣議でチッソに対する金融支援措置としての県債発行を了承（12月より貸付開始）
	11月7日	「水俣病闘争支援熊本県連絡会議」結成
	12月15日	認定申請者24名が認定不作為訴訟による賠償請求訴訟提訴（待たせ賃訴訟）。2001年2/13最高裁判決、原告敗訴確定
1979　昭和54	3月28日	水俣病第二次訴訟熊本地裁判決（14名中12名を水俣病と認め、認定基準は厳しすぎると批判）
1980　昭和55	5月21日	水俣病第三次訴訟提訴（国賠訴訟）。国・県・チッソを被告に不知火海沿岸5市5町85人が提訴（橋口三郎原告団長）
1982　昭和57	5月26日	「新潟水俣病被害者の会」結成

1982	昭和57	6月21日	新潟水俣病第二次訴訟提訴。未認定患者94人が国・昭和電工を相手に提訴
		10月28日	水俣病関西訴訟提訴。患者・遺族ら40人が国・県・チッソを相手に提訴（岩本夏義原告団長）
1984	昭和59	4月16日	「水俣病闘争を支援する会」結成（チッソ労働者・高校教師らの呼びかけで結成）
		5月1日	「水俣病東京被害者の会」結成（渡辺幸男会長）
		5月2日	水俣病東京訴訟提訴。東京・神奈川などの県外患者6人、国・県・チッソを被告として提訴（渡辺幸男原告団長）
		8月19日	「水俣病被害者・弁護団全国連絡協議会（全国連）」結成
1985	昭和60	8月16日	水俣病第二次訴訟控訴審判決（チッソ控訴断念、原告勝訴確定）。「52年判断条件」を批判
		11月28日	水俣病京都訴訟提訴。関西周辺県外被害者5人、国・県・チッソを被告として（佐々木一雄原告団長）
		12月13日	「水俣病東京連絡会」結成
1986	昭和61	6月28日	特別医療事業開始
1987	昭和62	3月30日	水俣病第三次訴訟第1陣判決。国・熊本県の責任認め原告全員を水俣病と認める（国・県・チッソ控訴）
		11月28日	水俣病被害者の会など実行委員会（上妻四郎委員長）、不知火海一円19か所で患者の一斉検診、1088人が受診
1988	昭和63	2月19日	水俣病福岡訴訟提訴（橋本正光原告団長）。福岡県内在住被害者8人、国・県・チッソを被告として
		3月2日	自主交渉派、水俣病チッソ交渉団（楠本直団長）結成

1990	平成2	9月28日	東京訴訟、和解勧告（熊本・福岡・京都の各裁判所も続く）。国は和解拒否
1991	平成3	12月5日	「水俣病闘争支援福岡連絡会」結成
1992	平成4	2月7日	水俣病東京訴訟判決（国・県の責任認めず）
		3月31日	新潟水俣病第二次訴訟判決（国の責任認めず）
		5月31日	熊本県、特別医療事業を廃止し総合対策医療事業開始
1993	平成5	2月6日	水俣病問題の早期・全面解決と地域の再生・振興を推進する市民の会結成（岡田稔久会長）
		3月25日	水俣病第三次訴訟第2陣判決（原告118人中108人に賠償命令。国・県の責任を認める。双方控訴）
		11月26日	水俣病京都訴訟判決（原告46名人中38人に賠償命令。国、県、チッソの責任認める。双方控訴）
1994	平成6	7月11日	水俣病関西訴訟地裁判決（国・県の責任認めず）
1995	平成7	10月28日	第三次訴訟原告団総会、政府解決策受け入れを決議（10/30水俣病全国連、環境庁へ解決策の受け入れ回答）
		12月11日	新潟水俣病、昭和電工と解決決定調印
		12月15日	政府解決策を閣議決定
1996	平成8	2月23日	新潟水俣病第二次訴訟、昭和電工と和解、国への訴訟取下げ
		5月19日	水俣病全国連、チッソと協定締結。以後、すべての訴訟が和解により解決（関西訴訟を除く水俣病民事訴訟が終結）
1997	平成9	1月25日	水俣病全国連を解消し「水俣病被害者の会全国連絡会」（橋口三郎幹事長）が発足
		8月21日	水俣湾仕切り網撤去開始
2001	平成13	4月27日	水俣病関西訴訟控訴審判決（国・県の責任認める）

2001　平成13	12月18日	熊本県に対する故溝口チエ氏の認定申請棄却処分取り消し訴訟（2013年4/16最高裁判決、原告勝訴確定）
2004　平成16	10月15日	水俣病関西訴訟最高裁判決（原告勝訴確定）
2005　平成17	2月5日	「水俣病被害者芦北の会」発足
	2月20日	「水俣病不知火患者会」（大石利生会長）結成
	6月3日	「水俣病被害者互助会」（佐藤英樹会長）結成
	10月3日	水俣病不知火患者会、国・県・チッソを相手に国賠訴訟を熊本地裁に提訴（ノーモア・ミナマタ訴訟、50人）
	10月28日	水俣病認定義務付け訴訟（溝口訴訟）を熊本地裁へ提訴。（2013/4/16最高裁判決で原告勝訴確定）
2006　平成18	8月	「獅子島の会」発足（獅子島の認定申請者45人）
	9月1日	水俣病問題に係わる私的懇談会、「提言書」提出。
2007　平成19	4月27日	新潟水俣病第三次訴訟提訴（10人）。2015年3/23新潟地裁判決、7人を認定。国・県の責任を否定。東京高裁で係争中
	10月11日	水俣病被害者互助会の9人が熊本地裁に提訴（胎児・小児世代）。2014年3/31地裁判決、3人のみ認定、福岡高裁で係争中
2009　平成21	2月27日	ノーモア・ミナマタ近畿訴訟提訴（大阪地裁、不知火患者会近畿支部12人）
	6月25日	不知火患者会、原告団、支援連による国会前座り込み開始（～8日）
	7月8日	水俣病特別措置法成立
	9月20日	不知火海沿岸住民健康調査実施（～21日、実行委員長原田正純熊本学園大学教授。17会場で1044人が受診）

2010　平成22	2月23日	ノーモア・ミナマタ関東訴訟提訴（23人、東京地裁）
	3月29日	ノーモア・ミナマタ熊本原告団・同弁護団、熊本地裁での和解基本合意成立
	4月16日	水俣病救済策閣議決定（特措法）5/1より申請受付を開始し2012年7月末で締め切る
2011　平成23	1月12日	チッソ、JNC株式会社設立
	3月23日	水俣病出水の会、水俣病被害者芦北の会、水俣病獅子島の会、水俣病特別措置法に基づきチッソと紛争解決協定締結
	3月24日	ノーモア・ミナマタ東京訴訟和解成立
	3月25日	ノーモア・ミナマタ熊本訴訟和解成立
	3月28日	ノーモア・ミナマタ近畿訴訟和解成立
2012　平成24	7月18日	水俣病被害者市民の会（坂本龍虹代表）設立
2013　平成25	6月20日	ノーモア・ミナマタ第2次国賠等請求訴訟提訴（48人、熊本地裁）
	10月7日	水銀に関する水俣条約外交会議（～11日、水俣市）
	12月3日	新潟行政訴訟提訴。新潟市を相手に棄却処分の取り消しと認定を求める（2017/11/29高裁判決、原告勝訴確定）
2014　平成26	6月19日	超党派の国会議員による「水俣病被害者と歩む国会議員連絡会」発足
	8月12日	ノーモア・ミナマタ第2次東京訴訟提訴（12人、東京地裁）
	9月29日	ノーモア・ミナマタ第2次近畿訴訟提訴（19人、大阪地裁）
	11月23日	不知火患者会ら、天草市、水俣市、高尾野町で大検診（～24日）

2014	平成26	12月11日	ノーモア・ミナマタ第2次新潟全被害者救済訴訟提訴（22人、新潟地裁）
2015	平成27	2月12日	「ノーモア・ミナマタ被害者・弁護団連絡会議」結成
		2月18日	環境省、認定基準についての新指針「新通知」を熊本、鹿児島、新潟に通達
		10月31日	有病率調査（～11/1）。民医連医師団により天草市宮野河内住民を対象に悉皆調査実施。11/22・23コントロール調査
		12月9日	水俣病公式確認60年実行委員会発足（水俣病不知火患者会を含む患者団体および市民16団体）
2016	平成28	2月27日	水俣病公式確認60年実行委員会、「水俣病事件60年を問うシンポジウム」開催（以降3/27まで3回開催）
		10月3日	県民会議医師団と朝日新聞による1万人分の検診記録の分析結果公表。対象地域外の被害が明らかとなる
		12月1日	水俣病公式確認60年実行委員会、国会内院内集会開催
2017	平成29	2月4日	近畿・東京弁護団、倉岳曝露調査（～5日）
		3月14日	水俣病公式確認60年実行委員会、国会院内集会開催
		8月8日	近畿・東京弁護団、長島曝露調査（～9日）
		9月24日	第1回水俣条約締結国会議（～26日、ジュネーブ）
		11月18日	熊本・近畿・東京3弁護団、天草市・河浦町合同聞き取り調査（～19日）
		11月	民医連医師団、鹿児島県出水郡長島町で有病率調査

編者　水俣病不知火患者会（みなまたびょうしらぬいかんじゃかい）
2005年に結成した水俣病被害者団体。会長は大石利生。5000名超の会員をかかえる。すべての水俣病被害者救済を求めて、検診、裁判の支援など、さまざまな活動を行っている。

著者　矢吹紀人（やぶき　としひと）
1953年生まれ。ルポライター。著書に『“生きる”を支える看護』（日本機関紙出版センター）、『終わっとらんばい！ミナマタ』（合同出版）、『開業医はなぜ自殺したのか』（増補復刻版、あけび書房）、『病気になったら死ねというのか』『水俣胎児との約束』『水俣病の真実』（以上、大月書店）ほか多数。

装丁・装画　小林真理
カバー写真　梶原祥造

不知火《しらぬい》の海《うみ》にいのちを紡《つむ》いで
――すべての水俣病《みなまたびよう》被害者《ひがいしや》救済《きゆうさい》と未来《みらい》への責任《せきにん》

2018年５月15日　第１刷発行

定価はカバーに表示してあります

編　者　水俣病不知火患者会
著　者　矢　吹　紀　人
発行者　中　川　　進

〒113-0033　東京都文京区本郷2-27-16

発行所　株式会社　大　月　書　店

印刷　太平印刷社
製本　中　永　製　本

電話（代表）03-3813-4651　FAX 03-3813-4656／振替 00130-7-16387
http://www.otsukishoten.co.jp/

ISBN 978-4-272-33092-8　C0036　Printed in Japan